高等院校美术与设计专业"十三五"规划教材

室内设计方法与表现

胡发仲　主　编

西南交通大学出版社
·成　都·

图书在版编目（ＣＩＰ）数据

室内设计方法与表现 / 胡发仲主编. —成都：西
南交通大学出版社，2019.8
ISBN 978-7-5643-7059-6

Ⅰ. ①室… Ⅱ. ①胡… Ⅲ. ①室内装饰设计 – 高等学
校 – 教材 Ⅳ. ①TU238.2

中国版本图书馆 CIP 数据核字（2019）第 180052 号

Shinei Sheji Fangfa yu Biaoxian
室内设计方法与表现

	责任编辑／姜锡伟
胡发仲／主　编	助理编辑／宋浩田
	封面设计／何东琳设计工作室

西南交通大学出版社出版发行
（四川省成都市金牛区二环路北一段 111 号西南交通大学创新大厦 21 楼　610031）
发行部电话：028-87600564　028-87600533
网址：http://www.xnjdcbs.com
印刷：四川煤田地质制图印刷厂

成品尺寸　210 mm×285 mm
印张　8.25　　字数　197 千
版次　2019 年 8 月第 1 版　　印次　2019 年 8 月第 1 次

书号　ISBN 978-7-5643-7059-6
定价　56.00 元

内容提要

本教材以室内装饰设计师的岗位职责和职业素养作为内容框架体系参照，突出室内设计思维方法与设计表现实务的整体编排思路，从设计程序、设计思维方法、设计表现三个方面内容集中体现室内设计专业设计师的工作流程和工作技巧，并按工作先后顺序和难易安排设计实践项目，通过系统性训练获得设计经验和策略。

教材内容分为室内设计概述、室内设计方法、室内设计表现三个部分，第一部分室内设计概述，内容包括室内设计相关概论、发展历史与空间分类以及室内设计要素等进行讲述；第二部分室内设计方法，内容包括设计策略、设计原则、设计思维方法、设计程序等；第三部分室内设计表现，内容包括手绘表现方法、电脑制图和人机综合表现，主要突出对多种设计表现技巧的了解和掌握；从设计方法到设计表现，使设计这样一个复杂的创造性活动在从隐形到显性的过程中有比较清晰的脉络；理论知识、创意设计方法、设计表现技能是密不可分的有机组成部分；通过系统性学习，设计理论有助于快速提高室内设计师的设计内涵和品味；设计表现有助于以更好的形式将设计成果再现出来，示之以人，使人们获得审美体验和认同；设计方法有助于使设计活动条理化、系统化，少走弯路。本教材的定位具有明确的针对性、应用性、系统性，逻辑严密，章节清晰，有助于培养高层次的室内设计专业的创新型人才。

1. 内容介绍

本教材内容设定立足室内设计师的岗位职责和素养，集中体现室内设计专业设计师的工作程序和工作技巧，并按工作难易和先后顺序设计训练项目，通过系统性学习训练有助于获得设计经验和策略。教材定位具有明确的针对性、应用性和系统性，逻辑严密，章节清晰，能有效地培养高层次的从事室内设计的创造型人才。

2. 特点介绍

① 强调程序性：《室内设计方法与表现》让设计过程具体化、条理化，学生通过课程实践可逐渐掌握一套科学的工作方法。

② 强化示范性：教材通过图表结合，将设计活动过程进行线性分解，选用有代表性的图片资料解读设计思维方法技巧、设计表现方法目标，使设计活动易于识读、理解并具有鲜明的示范性。

序

室内设计专业在我国是一个年轻的新专业，也是一个快速发展，逐渐成熟的专业：伴随着 40 年的改革开放、30 余年的城市化快速崛起以及 2001 年我国顺利加入世贸组织（WTO）案一系列重大事件的发生，中国成为全世界绝无仅有的建筑集聚之地，室内设计取得了突飞猛进的发展，在改善和提高全国人民工作、生活以及居住空间环境质量的同时，室内设计行业水平整体发展走向成熟，同时在我国国民经济发展中发挥着非常重要的作用。

室内设计是现代建筑的第二次设计，不仅要关注技术、材料、工艺、环保等方面的内容，解决空间功能方面的问题，还要关注使用者文化习俗、精神审美等人文、心理方面的内容，所以室内设计是一门艺术加科学技术的工作，设计的过程是一个充满艺术性、技术性、系统性的工作过程。

高校本科扩招以来室内设计专业陆续在众多高校开设，目前全国 2 000 余所高校中开设环艺设计专业的院校已超过 1 300 所，成为仅次于计算机专业的第二大专业，每年 10 余万毕业生步入职场；但多年来在室内设计从业人员中一直存在着较多的设计程序不严谨、设计表达不规范、施工图设计不完整等问题，以致设计方案实施"走形"从而返工调整甚至于不能施工、设计效果不理想、签单率不高等问题出现。《室内设计方法与表现》着力于对现阶段高校环境艺术设计教育中实践教学薄弱环节进行巩固以及室内设计师在设计思维、设计表现、设计管理方面能力的提高，以独立的章节、通俗易懂的语言和清晰的逻辑架构，结合大量图片图表，使教材易看、易读、易懂。

本教材具备以下几个特点。

1. 系统性

室内设计是一门技术，也是一门艺术，是一门关于建造科学的艺术。室内设计是一个艺术创造的过程，虽然"法无定法"，但室内设计还是有章可循，有其内在的规律性。本教材分为室内设计的概述、室内设计方法和室内设计表现三大块，指导学生，使他们明白设计是如何由迷惘混沌的状态走向清晰再现；教材让设计思维以更直观更严谨的方式与设计表现相结合，重视动手与实践，遵循"技"近乎"艺"、"艺"近乎"道"的设计提升规律，构建设计教、学并重的特色，"知行合一"将设计程序中设计思维、设计方法和设计表现一体化和系统化。

2. 实践性

本教材注重理论和实践、知识体系和能力体系的结合，充分体现学生学习主体性，将有利于教师教学转化为有利于学生学习，教学活动从教师讲授型向学生技能训练型转化，培养学生良好的室内设计表达能力，强化徒手草图、手绘方案的意识和能力。

"模块化"编写思路使每一个阶段相互联系又相互独立，每个学生参与一个实训项目的某一个阶段，能够感受到阶段工作在一个整体项目设计方案中的作用和意义，增强项目管控意识；每一个章节都设计有针对性的实践作业，一方面使课程有助于学生能力素养形成，另一方面强调环境艺术设计专业的应用性特点，激发学生创新创作的激情。

3. 前瞻性

室内设计在一定程度上属于新工科的范畴。新功能材料、新加工工艺、新的表现技术（虚拟现实）等相辅相成，不断推进室内设计和装饰行业的发展与升级。前瞻性主要体现在本教材内容立足现有室内设计行业最新成果，将理论与实践结合；在实践题目的设计上突出可操作性与实验性的同时，具有一定弹性，包括教材可适应灵活多样的教学要求如工学交替、学分制、模块化教学、分阶段学习等。

2019 年 1 月

前 言

《室内设计方法与表现》是环境艺术设计专业的一门重要基础课程。本书包括了室内设计基础理论、室内设计思维方法、室内设计表现三大版块，教材内容的设定具有明确的针对性、应用性，为培养高层次室内设计专业人才提供重要支持。

对于室内设计专业初入职场的新人和初学者而言，掌握一套科学的工作方法比设计本身还重要。一个优秀的室内设计师是通过长期实践总结才能形成一套独特的工作方法来应对多样化的设计项目，这套方法包括但不限于扎实的设计理论知识、科学的思维、方案表达方法以及良好的沟通技巧等；一名优秀设计师的成熟是一个在"技""艺"平行发展逐渐成熟的过程：一方面是设计理论、设计程序方法等设计理论知识，解决如何开展设计，设计定位是什么，为什么设计成这样等疑惑；另一方面是如何展示设计图纸、草图、示意图、效果图、施工图以及面对面语言交流等。本教材深入浅出，图文并茂，易于理解与参考应用，立足构建室内设计教学"艺"与"技"并重的特色，重在培养学生整体性的、系统性的设计方法，是一种具有"全方位滚动式"发展教学模式，将设计思维和设计表现两方面和实践训练相关内容系统地结合起来。教材突出两个特点：一方面强调过程性：让设计过程具体化、条理化，学生通过课程实践训练可掌握一套科学工作方法；另一方面强化示范性：教材通过文字和图片相结合的形式将过程进行线性分解，解剖设计思维方法和技巧、设计内容和设计目标。

随着现代科技的日新月异，现代设计表现媒体、表现形式效果、审美趣味等正发生着巨大的变化，室内设计受新的生活理念的影响，尚在引领人们新的生活方式，同时新创意、新软件、新材料、新设备等不断"刷新"着室内设计行业产业的发展认知。室内设计正处于一个快速发展和变化的时代，室内设计信息化、智能化手段正不断涌现。

《室内设计方法与表现》可以用作普通高校和高职高专环艺、室内设计及装饰类专业教材，也可适用于艺术设计、室内设计、建筑装饰设计、城市规划等专业的教学用书，还可以作为室内装饰设计师职业资格考试培训参考用书。本书作为教材，具备一定的集成性，写作过程中参考了大量的相关著作，包括近年来编者本人所指导的学生毕业设计作品，不能一一列举，在此表示感谢。

同时由于编者水平有限，书中在所难免的会有不足之处，恳请专家、同仁及读者进行指正。

编 者
2019 年 1 月

教学引导

课时分配建议总 80 学时，其中理论 16 学时，实践 64 学时。

章　　　节	内　　　容	讲授课时	实践课时
第一章　室内设计概述	第一节　室内设计概述	1	
	第二节　室内设计的要素	2	4
	第三节　室内设计师国家职业标准	1	
第二章　室内设计方法	第一节　室内设计策略	1	
	第二节　室内设计原则	2	
	第三节　室内设计思维与功能分析方法	1	2
	第四节　室内设计程序	2	2
第三章　室内设计表现	第一节　手绘表现	2	6
	第二节　计算机辅助制图	2	
第四章　实训任务书	第一节　居家空间室内设计	1	18
	第二节　公共空间室内设计	1	32
小　　　计		16	64

目 录

01

第一章

室内设计概述

第一节 室内设计概述

室内是建筑的灵魂，是人与环境的联系，是人类艺术与物质文明的结合。

室内设计和建筑设计同属于建筑学范畴，建筑设计和室内设计是一个完整的建筑设计中的阶段性分工，室内设计是建筑设计的有机组成部分，从建筑功能实现过程来看，室内设计是建筑设计的第二次设计，是建筑设计的延续与深化；一个完整的建筑设计包含着建筑的主体结构、外部形象与室内功能形态的完美统一；室内设计就是对建筑内部空间在功能、形态、风格、尺寸、材质肌理等方面进行细化和完善，旨在创造合理、舒适、优美的室内环境，满足实用和审美需求，所以室内设计师又常被称为室内建筑师。室内设计在概念上同室内装饰、装潢、装修等有着密切的关系，其内涵、专业的侧重点不同。

室内设计是一门创造室内空间环境的综合性科学，与艺术、建筑学、社会历史学、民俗学、心理学、人体工程学、结构工程学、建筑物理学、材料学等联系紧密，同时也与家具、陈设、工艺美术、园林绿化等艺术领域密切相关。室内设计与城市规划设计、建筑设计、园林景观设计等内容一起，构成一个完整的空间环境系统，传统上建筑作为一个独立空间单元以其外墙为界限，分为建筑室内和室外景观两个部分，室内空间在尺寸距离、采光照明、色彩肌理、家具陈设等方面给人视觉上、物质上和心理上的感觉比室外要强烈得多，在现代设计中，无论是居家空间设计还是公共空间设计，室内空间和室外景观整体上越来越多地采用室内外相互交融相互渗透、内外统一的设计手法，并尽可能扩大室外活动空间，室内、室外的设计界限已经变得越来越衰微。

一、室内设计的概念

室内设计（interior design）作为一个现代设计词汇，于20世纪上叶出现并逐步流行于世界各地。《中国大百科全书建筑·园林·城市规划卷》把室内设计定义为"建筑设计的组成部分，旨在创造合理、舒适、优美的室内环境，以满足使用和审美的要求"。室内设计的主要内容包括：空间组织和建筑平面布置，围护结构内表面（如墙面、地面、顶棚、门窗等）的处理，采光照明、通风换气以及室内家具、灯具、陈设、植物的选择和布置等。

（一）室内设计的历史和内容

人类的发展史也是建筑艺术的进化史。在室内设计这个概念出现以前，室内装饰的行为就和建筑建造以及其他生活活动行为同时开始了，从远古时期人类居住遗址中所反映出的生活场景内容就可见一斑。《韩非子·五蠹》记载："上古之世，人民少而禽兽众，人民不胜禽兽虫蛇。"在远古人少而禽兽众的原始荒蛮时代，人不得不"构木为巢，以避群害"，栖居在树上、树洞里或者山洞里，以树干、树枝、树叶、植物草藤等搭建成遮风挡雨和防止动物伤害保护自己的"巢居"（图1-1-1）。火的发现和使用第一次使得人支配了一种自然力，从树上回到了地面从而与动物界分开，诞生了真正意义上的建筑，如干栏式建筑、蒙古包、窑洞等建筑的原形（图1-1-2）。人类在漫长的历史长河中一直在有意识地积极探索着对空间的建造和利用，改善、提高空间的舒适度，可以说人类生产力发展史也是不断拓展空间认知、不断利用新材料和新技术建造空间的历史。

图 1-1-1　巢居

图 1-1-2　干栏式建筑原型

机器大工业生产出现以前，室内设计主要是为少数统治阶级权贵服务的，而具有现代意义的室内设计则是在以工业化为背景、劳动生产率得到极大提高的基础上逐渐发展起来的。随着近30年来房地产行业的持续发展，建筑设计和建筑施工主要解决了建筑的结构框架问题，业主购买的绝大多数是清水房或毛坯房（图1-1-3、图1-1-4），建筑外观及室内装饰成为"二装"的重要内容，其工作目标和范围包括室内空间形象设计、室内物理环境设计、室内装饰装修界面设计和家具陈设艺术设计四个方面的内容，这四个方面都以建筑设计为基础一脉相承，是对建筑功能及其审美的丰富和完善。

图 1-1-3　清水房

图 1-1-4　毛坯房

作为一门现代新兴学科，室内设计在国内经历了差不多50年的时间，以庆祝中华人民共和国成立10周年为代表的十大代表性建筑及其室内装饰为经典代表，室内设计开始作为一门独立的专业学科，逐渐发展成一门集造型审美、技术工艺以及与一些新兴边缘学科如人体工程学、环境心理学、环境物理学等学科于一体的综合学科，广泛应用到如居家空间、公共空间、移动空间（如动车车厢）、载人航天器等所有内部空间。半个世纪以来室内设计伴随着改革开放以及第三产业的兴起，在国内有了海量的实践作品和经验，无论是设计理念还是建造水平，都使我国室内设计水平取得长足进步并开始迈入世界前列。

随着室内设计新理念、新技术、新材料和新设备的不断涌现，一方面室内装饰行业专业化、集成化水平不断提高；另一方面现代消费者对室内空间环境提出了更多更高的要求如安全度、舒适度、个性化、智能化、信息化等，新的设计要素不断增加，给室内设计提出了新的课题和挑战（图1-1-5）。

图 1-1-5　室内设计的要素

美国前室内设计师协会主席亚当（G.Adam）指出，室内设计涉及的工作范围要比单纯的装饰要广泛得多，他们关心的范围已经覆盖到了生活的方方面面，例如住宅、办公、餐饮、娱乐、商业等空间的设计，提高劳动生产率、无障碍设计、编制防火规范和节能指标，提高医院、图书馆、学校和其他公共设施的使用效率。无论是居家空间还是公共空间室内设计，除了能满足人们物质功能要求和精神审美要求外，还需要运用物质材料、加工工艺技术，结合建筑风格流派、历史文脉、业主方审美趣味等文化心理因素，运用环保、节能、智能化、信息化等手段，营造出功能合理、舒适美观、满足人们生理和心理要求的内部空间环境。

（二）室内设计的发展趋势

现代室内设计整体上呈现出绿色环保、科技智能、人文个性等方面的发展态势。

环保理念体现在绿色建筑装饰施工材料环保、施工技术节约资源、为后期改造升级预留足够空间、使用节能环保等方面，绿色生态、环保健康理念得到越来越多的重视，倡导创造有利于身心健康的空间环境。

随着设计技术与信息技术日益发展和相互渗透，结合智能城市、智能社区、智能建筑的出现，通信自动化报警、自动化管家服务系统等智能设施的出现，与多学科、边缘学科的联系和结合趋势日益明显，科技的发展提高了住宅空间的品质。

随着社会和科技尤其是计算机技术的发展进步，现代工业步入"后工业社会"阶段。伴随着后现代、符号学、隐喻、个性多元化等概念在设计领域的引进，设计成为一种内涵丰富的文化现象，对室内设计产生了广泛而深远的影响。

二、室内空间的分类

室内空间一般根据空间的性质特点来区分以利于在设计组织空间时进行选择和运用。从围合限定程度可以分为封闭空间、开放空间和半开放半封闭空间，也可以分为室内空间、室外空间和灰空间；根据功能对象属性可分为居家空间、公共空间、其他空间三大类（见图 1-1-6），公共空间又可细分为办公空间、餐饮娱乐空间、展览空间、酒店宾馆、工业空间、农业空间、商业空间等空间类型；从室内空间环境动静状态可分为可移动空间（汽车、火车、飞机等移动工具室内空间）、半移动空间（可移动厕所、可装配办公用房等）和固定空间等。

图 1-1-6　空间的分类

（一）居家空间

居家空间设计又称为"家装设计"。居家空间是人们日常生活的重要空间，体现着使用者的生活内容、生活方式和生活理念，所以居家空间设计以满足业主功能使用为基础，逐渐倾向于舒适性和个性化设计服务。居家空间建筑类型包括院落式住宅、集合式住宅、公寓式住宅、别墅等，内部空间根据功能可以细分为门厅、过道、玄关、餐厅、厨房、起居室、卧室、书房、厕浴、储物间、阳台等，有的还有庭院、露台、游乐设施、前后花园等；一般别墅还配有地下车库或地面车库、电梯间、视听室、工作室、游泳池、健身室、前庭后院等（见图1-1-7）。别墅空间形态丰富多样，客厅多为跃层，空间高大宽敞，一般不再限于围合的封闭空间，而是与户外空间相互渗透、相互穿插，形成许多半围合或开敞式空间，空间层次丰富，具有较好的空间视野（见图1-1-8、图1-1-9）。

图 1-1-9　罗比之屋

受几千年儒家文化的影响，中国老百姓对居家空间的重视程度远高于其他国家民族，"居者有其屋"是我国从古代沿袭至今的传统理想。居家空间室内设计就是经营"家"的空间艺术，从功能设计角度来说是容纳一家人日常生活起居的场所，满足一家人物质功能层面的需求，根据空间使用性质对室内进行科学合理的分区布局，比如主要功能区和辅助功能分区、动静分区、干湿分区、私密和开放分区、净污分区等；梳理各功能区之间的组织联系如厨房与餐厅的连接，入口和门厅的联系、主卧和主卫间、衣帽间之间的联系等；从精神层面来说，家是一个充满爱和温暖的地方，是一个可以避风挡雨的心灵港湾，是充分体现业主身份地位、文化修养、经济实力、精神审美等内涵的地方。设计师通过对空间进行创意设计，营造一种安全、舒适、温馨的物理空间，同时也是一个个性化的文化审美空间（见图1-1-10、图1-1-11），充分满足业主物质和精神方面的需求，所以居家空间室内设计对于提升人民物质和精神生活水平来说有着非常重要的意义。随着人们赋予居家空间越来越多的功能属性和人文属性，居家空间室内的设计内容会越来越多，也会越来越复杂。

图 1-1-7　居家空间的分类

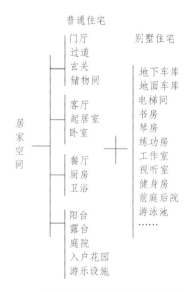

图 1-1-8　流水别墅

图 1-1-10　客厅

图 1-1-11　别墅客厅

（二）公共空间及分类

公共空间是指与专属的私密空间相对立的、有管理人或控制人、在人员流动上具有不特定性的一定范围的空间，或者称不特定多人流动的特定管理或控制空间。赫曼·赫茨伯格（Hennan Hertzberger）在《建筑学教程》中提到"公共"（public）和"私有"（private）在空间范畴内可以通过"集体的"（collective）与"个体的"（individual）两个词汇来表达，所以一般认为"公共空间"可以广义地用于指不专属于某一个人或某一群人的空间，即是大众的公有场所，具有开放共享、平等参与的属性，同时"公共"在一定意义上也包含了互动、共享、共有、共同等内涵。

公共空间室内设计又称为"公装设计"，公共空间类型众多，功能属性相比居家空间复杂得多。在建筑学范畴里"空间"可以是公共的，也可以是私人的，它既可以是主导性的，也可以是服务性的；公共空间室内设计是参照建筑原有空间结构，以"人"为中心，依据人的社会功能需求、审美需求，设立空间主题定位、运用现代设计媒介进行再创造，赋予空间个性和灵性，并通过多种视觉图像表达意图的创造活动；它具有满足大众相宜的生活行为需

求和精神需求，尽可能地去适应当代人的审美需求和文化取向，同时也能间接满足个人、家庭生活方面的需求。

现代社会交往活动使得人们的联系越来越紧密，社会活动形式和内容越来越丰富多样，个人介入集体、社区、社会等公共事务的机会越来越多，人们参与工作协作、娱乐购物、交流共享的机会也越来越多，这样催生着新型公共空间的不断产生和变化发展：种类繁多，结构复杂，如娱乐、办公、展陈、购物、观赏、旅游、餐饮、茶室等室内空间，很多公共活动又相互交织在一起呈现交叉混合的态势（见图 1-1-12）。

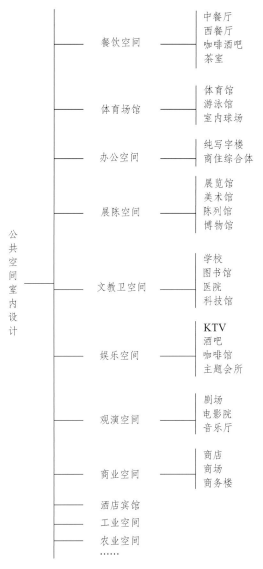

图 1-1-12　公共空间的分类

公共空间室内设计涉及以人群为主体的相关公共安全、大众文化心理、社会伦理道德等多要素，设计水平、施工质量及设计师专业素养、文化底蕴、表现手法和空间整体调控能力等因素都对公共空间功能及精神的实现具有决定性意义。公共空间室内设计的宗旨是为人们提供各种科学合理、高效便捷、舒适清新的公共空间环境，满足人们生理和心理需求，符合人们进行各种社会行为的需求，并保障人们的安全、保证生活无障碍。公共空间室内设计已经不是简单的满足功能安全，越来越多作为一种文化消费体验或者多种内容、形式的共同交织，彰显时代审美和人文关怀。

公共空间从服务行业属性上可以分为餐饮娱乐类、文化类、商业类、体育类空间等（见图 1-1-13、图 1-1-14、图 1-1-15）。

图 1-1-15　运动中心健身器材

根据空间属性来分类，有开敞空间和封闭空间、静态空间和流动空间、功能明确空间和功能模糊空间等种类（见图 1-1-16、图 1-1-17）。

图 1-1-13　天津滨海图书馆

图 1-1-16　蒙古族酒店包间

图 1-1-14　购物中心

图 1-1-17　开敞与私密空间

1. 餐饮娱乐空间

民以食为天,随着国内物质文化生活水平的提高,"吃"正逐渐演变成一种文化消费,人们在品尝各式美味佳肴的时候,开始追求用餐环境的文化氛围与个性化服务。餐饮娱乐空间是人们最为熟悉、遍布最为广泛的一种空间类型,现代都市不断丰富着人们饮食文化的内容;人们依照不同的生活方式、习俗以及不同主题,选择不同的就餐形式和类型空间,包括今天"数字餐厅"的出现;"数字餐厅"以优雅的环境、美味菜品、娱乐功能三者作为消费的侧重点,不仅提供餐饮娱乐的空间场所,也创设一个轻松、随意的就餐过程——进一步体现生活娱乐的理念;按照餐饮消费内容以及装饰风格可以分为中餐厅、西餐厅、特色餐厅、酒吧、水吧、咖啡厅、茶坊等。

（1）中餐厅。

中餐指中国风味的餐食菜肴。我国是一个餐饮文化大国,其中全国知名的就有粤菜、川菜、鲁菜、淮扬菜、浙菜、闽菜、湘菜、徽菜即"八大菜系",较有影响力的地方菜系就更多,这些菜系的食材、烹饪方法、就餐特点以及就餐环境长期以来受地理环境、气候物产、文化传统以及饮食风俗等因素的影响,形成了中餐独具特色的餐饮类别。

中餐厅就是经营高、中、低档次中式菜肴或某种地方特色菜系的专业餐厅。在空间布置上富有中式主题特色,具有特定的文化内涵,布局讲究天圆地方、中轴对称等中国传统文化韵味,功能齐全舒适大方。中餐厅的设计定位不仅仅是为了进餐,更多的是让进餐者在享受各色美味的同时体验丰富多彩的独特民族文化。

中餐厅布局主要分为入口区、就餐区、调理区（厨房加工区）以及管理服务类辅助空间,入口区包括门头、门厅及玄关造景,

就餐区包括大厅（散座区）、包间、备餐台、休息区等（见图 1-1-18）;调理区包括主厨房、储藏室、冷藏保管室、工作人员休息间、工作人员出入口等;管理服务区域包括服务台、通道走廊、卫生间、办公用房等。就餐区的空间分区、人流路线组织是中餐厅设计的重点和难点。一般按预设就餐人员比例分配空间面积,入口设计需结合高峰时期人流数量,力求入口通道要流畅,宽敞明亮,一般直通前台或服务台。服务台的位置非常关键,功能上承担着接待导餐、咨询、提供酒水、埋单等多种服务,应根据就餐区的规划布局而灵活设定,尽量面向大厅客席以方便服务且靠近门厅或入口处。就餐区餐桌的组合数量、尺度间距应根据客人对象而定。布置形式一般分二人座、三人座、多人座,一般以零散客人为主的宜用 4～6 人椅、方形桌,以团体客人为主的可设置 6～10 人、圆形桌椅等,档次较高级的餐厅一般设有客人等候坐席。在以便餐为主的餐厅设计上可安排明档、柜台席、散座等。

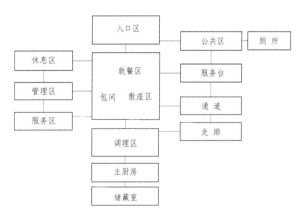

图 1-1-18　中餐厅功能组织关系图

除利用大厅散座区以及包间外,还可以采用中式风格的隔窗、屏风来进行分割组合,实木框架和古朴图案的棂子雕花打造半开放式就餐区,园林式透景、拱桥流水等设计手法营造出丰富的空间层次感（见图 1-1-19、图 1-1-20、图 1-1-21）。

图 1-1-19　材质与色调

图 1-1-20　家具与陈设

图 1-1-21　灯具及色彩搭配

中式家具、陈设是中餐厅装饰风格的重要元素，空间通常呈方形或长方形，椅子多选用靠背椅样式的实木桌椅，实用又耐用；色彩上以明朗轻快的原木或暖色调，营造出一种愉悦

温暖的就餐环境。陈设方面多以富有中国传统文化色彩的装饰物品点缀其间，如传统吉祥图案、中国字画、漆器屏风、茶壶、玉雕、石雕、竹木雕、瓷器以及宫灯、灯笼等，这些雕琢精巧、古朴高雅的摆件能很好彰显出中式传统味道（见图 1-1-22、图 1-1-23）。

图 1-1-22　装饰与陈设

图 1-1-23　灯具及色彩搭配

传统的中式厨房因为油烟比较重而多采用封闭布局，现代中餐厨房设计开间大、光亮足、设施设备现代化水平高，根据餐厅特色、食品烹调方式的不同，厨房可根据具体情况决定是否向就餐区域开放；开放的厨房可以让消费者更放心食用，也有助于展示一种新的开放式中餐文化。

（2）西餐厅。

西餐是以品尝国外（主要是欧洲和北美）

的饮食、体会异国餐饮情调为目的，按照西式餐饮文化风格和格调营建空间环境、采用西式菜谱来服务顾客的一种餐饮模式。西餐大体分为法式、俄式、英式、意式、美式等多种食谱，除烹饪方法、服务方式有所不同之外，室内装饰风格也必须与该国文化习俗相一致，体现其饮食习惯和就餐环境需求。欧美的餐饮方式强调就餐时的私密性，一般团体就餐的习惯很少，常以 2～6 人为主，餐桌形状为矩形，进餐时桌面餐具比中餐少，常用鲜花和烛具等物品对台面进行点缀。平面布局常采用较为规整的方式，利用抬高地面和降低顶棚、沙发座的靠背的方法、刻花玻璃和绿化来进行空间隔离，利用光线明暗营造私密程度。

西餐厅的空间形态来源于欧式古典建筑，通过对欧式古典建筑的风格造型以及装饰细部构造进行筛选，选出有用的部分应用于餐厅的装饰细部，或者将欧式古典建筑的元素进行简化提炼，应用于餐厅的装饰。西餐厅一般风格华丽，注重家具、灯光、音乐、陈设的配合，通过淡雅的色彩、柔和的光线、洁白的桌布、华贵的线脚、精致的餐具等营造出高贵、典雅的氛围。

吧台是西餐厅的主要空间景点之一，也是每个西餐厅必有的设施，更是西方人生活方式的体现（见图 1-1-24）。钢琴不仅可以丰富空间的视觉效果，优雅琴声或者舒缓的音乐同样是西餐厅必不可少的元素。由于西餐烹饪多半是半成品加工，因此厨房的面积略小于普通餐厅。西餐厅的功能空间组织关系一般如图 1-1-25 所示，西餐厅大致有以下几种风格。

① 欧式风格。

多运用欧洲建筑的典型元素诸如拱券、铸铁花、扶壁、罗马柱、石膏线条等来构成欧洲古典风情，同时结合现代空间构成手段，从颜色、灯光、音响、鲜花和古董陈设等方面入手加以烘托传统的古典气氛（见图 1-1-26、图 1-1-27）。

图 1-1-24　吧台

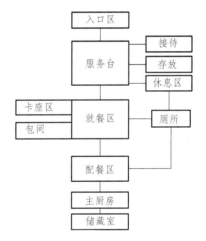

图 1-1-25　西餐厅功能区组织关系图

图 1-1-26　欧洲古典风格

图 1-1-27　现代欧式风格

② 乡村田园风格。

这种装饰风格多运用原木、砾石、植物等自然、粗朴的元素，使室内空间流淌出一种浪漫、质朴的乡村气息（见图 1-1-28）。

图 1-1-28　乡村田园风格

③ 高技派风格。

运用时尚前卫、现代夸张的手法和现代简洁的设计语言，巧妙运用富有金属感的材质、极具张力的组合形态、炫丽的色彩和灯光等方法营造出轻快而时尚、科幻而神秘的空间氛围（见图 1-1-29）。

图 1-1-29　高技派风格

（3）特色风味餐厅。

特色餐厅又称"风味餐厅"，指根据一定时期、一定地域的人物、文化艺术、风土人情、宗教信仰、生活习俗、神话传说等来设计菜单、服务方式和进餐程序，营造具有鲜明主题的就餐环境，力图在社会公众中树立独特形象的饮食空间。特色餐厅具有鲜明的地理、历史、文化、宗教等人文特色，是餐饮文化发展、传播到一定阶段的产物，也是菜肴加工水平、企业品牌推广、客户高度认同达到相对成熟的体现。

特色餐厅主题鲜明广泛，通过其独居特色的美味食品、室内环境、空间气氛来吸引顾客消费。根据向顾客提供服务方式的不同，大致可以分为餐桌服务式、自助服务式、柜台服务式及外送服务式餐厅。根据其特色定位可分为以下几类。

① 地方风味餐厅。

我国餐饮文化历史悠久，形成了各地不同的风味，数量众多，有着广泛的群众基础和共同的文化倾向，这样的餐厅往往根据自身优势主营某种地方的风味菜品，如川菜、鲁菜、粤菜、淮扬菜等（见图 1-1-30）。

（a）闽南风情　包厢里设有小戏台

（b）长春炙灼炉鱼餐饮空间设计

图 1-1-30

② 民族风味餐厅。

这种餐饮企业是以一个国家或一个民族的风味菜为主导产品的餐饮企业。如给人复古怀旧之感的日本料理餐厅、泰国菜、韩国料理、充满巴伐利亚风格的啤酒坊餐厅等（见图1-1-31）。

图 1-1-31　复古怀旧风格日本料理寿司店

③ 特色原料餐厅。

以经营一种特产或特色原料为主的餐厅，开发一系列的菜肴产品，借以突出自己的经营特色。如北京全聚德烤鸭餐厅、四川麻婆豆腐餐厅、燕鲍翅餐厅、蒙古特色餐厅等（见图1-1-32）。

图 1-1-32　蒙古特色餐厅

④ 家常风味餐厅。

以经营家常菜或农家菜为主，如近年来在全国范围内盛行的、设计风格色彩鲜明、以农家乐为主的餐饮企业经营主体（见图1-1-33）。

图 1-1-33　家常风味餐厅

（4）酒吧。

酒吧（Bar）多指以吧台为中心的酒馆，提供啤酒、葡萄酒、洋酒、鸡尾酒等酒精类饮料的消费场所，提供现场乐队或歌手、专业舞蹈团队、舞女表演，是消费者约会、饮酒、交流的娱乐休闲空间。

酒吧最初源于美国西部大开发时期的西部酒馆，后来发展演变为提供娱乐表演等服务的综合消费场所，约于20世纪90年代传入我国。酒吧大致分为三类：校园酒吧（见图1-1-34）、音乐酒吧（见图1-1-35）和商业酒吧（见图1-1-36）；三类酒吧有不同的消费者定位、商业特色和情调氛围。其中以主题性商业酒吧最典型：大多装饰美观、典雅、别致，具有浓厚的欧洲或美洲风格。视听设备比较完善，并备有足够的靠柜吧凳、酒水、载杯及调酒器具等，种类齐全，摆设得体；同时还提供具有各自风格的乐队表演或向客人提供游戏项目等。

图 1-1-34　古典风格校园酒吧

图 1-1-35 香奈儿音乐酒吧

图 1-1-36 星球酒吧

酒吧空间布局一般分为吧台区和坐席区两大部分，也可适当设置站席。根据酒吧的性质把酒吧的大空间分成若干小尺度空间并进行组合，这样能使空间具有亲密感和私密度（见图 1-1-37）。酒吧一般把吧台设计得比较大，在整个酒吧中占很大比例。吧台一般做成 U 形、方形或圆形。凳子都围绕着吧台，而吧台是酒吧的中心，也是调酒师的表演舞台。

高台分布在吧台的前面或者四周，一般是给单身来的客人准备的。其余的地方根据需要安放桌椅设置坐席区。坐席区包括卡座和散台两种形式，卡座一般分布在大厅的两侧，成半包围结构，有点类似于包厢，里面设有沙发和台儿；散台一般分布在整个大厅比较偏僻的角落或者舞池周围，一般可坐 2 到 5 个人。

图 1-1-37 空间布局紧密

（5）咖啡厅。

咖啡厅（coffeehouse）是现代社会中经营咖啡饮品的商店，一种现代休闲交往场所。16 世纪，第一家咖啡馆在麦加建立，逐渐传播到亚洲、南美、中南美、非洲等地。咖啡厅以经营咖啡为主，其他饮品（如系列低度酒）为辅。

咖啡厅功能区括休闲区、吧台、门厅、卫生间、备品制作间、库房、员工更衣室、办公室等；其中主要功能区包括休闲区和吧台区，而备品制作间、库房、员工更衣室、办公室等属于辅助空间，也是员工服务用房；休闲区要求环境优美、整洁、安静，而卫生间和辅助空间属于容易产生噪音和污染的空间，应进行有效分隔。咖啡厅的室内设计、设施设备与整体风格定位应该统一，既要体现咖啡厅的个性和风格，又要能吸引不同年龄层次的顾客，常见的风格有欧式风格（见图 1-1-38）、工业风格（见图 1-1-39）、现代风格、田园风格等，配合钢琴台、小提琴、吉他等道具及表演空间，营造出一种特殊的闲暇氛围（见图 1-1-40）。

图 1-1-38 欧式风格咖啡厅

图 1-1-39 工业风格咖啡厅

图 1-1-40 现代风格咖啡厅

（6）茶吧。

饮茶作为一种文化现象在中国有着悠久的历史，人们无论是在劳作还是在生活中，茶都占据着重要的位置。茶吧（又称茶楼、茶坊、茶馆等）和酒吧、咖啡馆一样，起着城市客厅的作用：当朋友聚会、情侣怀旧、商务洽谈等，人们会自然而然地想到茶楼。茶馆不仅传承着传统的茶文化古韵，也不断融合着现代生活理念及文明成果，包括家具、茶具、陈设及色彩灯光等在内的设计逐渐适合现代人的审美需求。茶吧根据消费层次和消费主题可以分为茶艺馆、主题茶楼、自助式茶楼、复合式茶餐厅、现代茶室等多种类型；或古风悠然、或庄重典雅、或乡风古韵、或西化雅致，从茶吧空间里可以领略到各种不同的云烟风情，茶文化空间构成现代化城市中一道亮丽的风景（见图 1-1-41）。

图 1-1-41 茶室

茶吧空间主要包括茶厅、茶室和辅助用房三部分：茶厅指开放空间，座位以散座为主，每桌可坐 4～6 人，同时供多人饮茶聊天；茶室相当于包间，具有一定的私密性，或是以屏风、隔断的方式从茶厅中分隔出来，或是以包间的形式出现，一般可容纳 2～6 人，这个空间一般以请客会友、棋牌娱乐为主；辅助用房包括烧水间和卫生间等。

茶吧在进行室内设计时多采用一些具有中国传统特色的饰品和形象符号进行装饰，如木质或藤制的家具、灯饰、石头、字画、陶瓷器等，摆一些兰、竹、梅等绿植以及一些具有中国民俗文化特色的摆件、挂件等。色调方面多采用原木色、黑胡桃色、高级灰等色调，素雅大气，不宜使用太过绚丽的颜色，同时注意整体的协调感、宁静感和舒适感。选材多选择实木、竹、藤等自然材料，如田园风格的茶楼可以用农人的蓑衣、渔具、磨盘、南瓜、葫芦等营造出一派乡村田园的野趣气息；具有民族地域特色的茶楼可以按当地特有的风俗加以布置具有地方代表性的装饰品，如江南情调的木雕花窗、蓝印花布，老北京风味的鸟笼、红灯笼，巴蜀特色的竹椅，少数民族的毛毡、竹篓，欧式风情的油画、壁纸墙布等（见图1-1-42、图1-1-43、图1-1-44）。

图 1-1-42　主题茶楼

图 1-1-43　茶艺馆

图 1-1-44　综合性茶楼

（7）健身娱乐空间。

随着现代社会人们对健身和养生越来越重视，一些康养场所如健身房、健康娱乐会所、水疗 SPA、歌厅、舞厅、KTV 等快速筑起。一般健身会所集健身和休闲娱乐为一体，其愉悦放松的氛围能够让健身者的身心得到很好的放松，能全身心地投入到健身训练中，同时消减人们健身过程中产生的疲劳感，休息区的设计的好坏也是提升消费体验的关键所在。

健身会所主要由入口区、健身区、游泳池、体质测试、服务中心和其他附属功能用房组成；入口区一般包括前台、门厅、休息等候区等，多采用明快的主体色彩和清晰的导客流线，要求色彩鲜艳、彰显活力。健身区是其中最核心的部分，可分为主要功能区域和扩展功能区域。主要功能区主要有器械健身区域，一般包括有氧区、无氧区和力量区；独立操课房，这部分健身区域一般和公众器械区域分别开来，包括大体操房、瑜珈房、动感单车房等；前台接待、商务洽谈区和工作（办公）区；桑拿淋浴一般包括淋浴、桑拿房（干蒸、湿蒸）、更衣室、储物间、水流按摩池、SPA 服务、推拿间等。扩展功能区域是指一些健身房，在主要健身项目基础上增加的健身服务如游泳池、跆拳道场地、散打场地、乒乓球馆、羽毛球馆、网球场、壁球场等。扩展区域还包括一些休闲娱乐项目如游戏厅、计算机、电玩室、营养餐厅等（见图 1-1-45）。健身房室内硬装部分，地面多采用高档的实木地板、竹木地板、弹性 PVC 卷材地板，选择性比较多；软装部分包括器械、健身系统、家具和服务用品等，这些需要通过专业的设计和精细的施工来实现健身空间的质感（见图 1-1-46、图 1-1-47）。

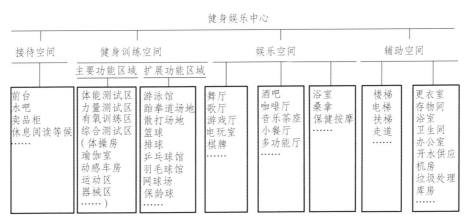

图 1-1-45　健身娱乐中心功能空间组织

图 1-1-46　健身房

图 1-1-47　舞蹈 瑜伽房

娱乐空间部分包括歌厅、舞厅、KTV、游戏厅等（见图 1-1-48）。歌厅无论是大小还是布局都应尽量自由、活泼，内部也应分区明确。歌舞厅的舞池一般与坐席相邻，如面积较大可另设相对安静的坐席区及附设酒吧。舞池边坐椅的设置多以两人、三人的组合形式进行组合，卡座包房多以四人、六人等为主，从而形成大小不同尺度、满足各种不同群体的需求。空间较大的场所应利用家具隔断或其他装饰手法构成尺度相对小巧亲切的小空间。包房室内设计一般以封闭形式为主，为了避免噪音的折射和营造一种动感氛围，在造型上多以弧线曲线见长，而在装饰材料的选择上则是以吸音和隔音材料为主，避免声音毗邻干扰（见图 1-1-49）。

图 1-1-48　舞厅

图 1-1-49　娱乐会所 KTV

　　现代游戏厅主要以电子游戏为主，一般包括普通游戏区域和电子游戏区域两大部分，普通游戏区域以传统的游戏项目为主，如赛车、骑马、格斗、棋牌等，这些项目主要靠模拟真实环境中的动作来进行。电子游戏厅的入口如图1-1-50所示，采用具有动感的墙面造型和对比强烈的色彩，通过塑造强烈的场景感使人立即沉浸其中。游戏厅的设计由于受机械尺寸和噪音所限，对于公共空间的尺度一般要求很大，除了满足少年儿童外，还要满足不同年龄和不同阶层人员的娱乐需求，其装饰材料一般隔音，灯光设计则以基础照明和局部照明为主，形态及色彩造型根据整体风格可适当使用鲜明的色调。

图 1-1-50　游戏厅入口

2. 展陈空间

　　现代社会文化、商业和贸易成为现代展陈空间设计的重要领域，并被广泛应用到文创产业、教育、科技和旅游业等领域。展陈设计制作作为一种文化产业和一种新的经济形态在世界各国迅猛发展，包括博物馆、博览会、商业展览、商业环境、陈列馆、科技馆等，是各类视听艺术、建筑艺术和观演艺术的综合体，也是各种新科技的综合运用，使展示成为一种融尖端科技和密集信息的艺术性的文化活动（见图1-1-51、图1-1-52）。现代展陈空间的主要特征表现为功能性、直观性、时空性、综合性与交互性等几个方面，以环境艺术设计为中心，广泛涉及视觉传达设计、新媒体艺术以及声、光、电、计算机控制技术、自动化技术、机械工程学等领域研究成果，在内容设定与布置手法上又兼具展示展览专业特性；视觉部分包括综合运用设计、绘画、音乐、雕塑、摄影、幻灯、录像、电影、现场演示等手段；空间设计部分包括形态设计、空间整体设计、照明设计、陈列与道具设计、版式设计、色彩设计等，管理部分包括管理科学、宣传组织、成本核算人才配备与现场施工管理等内容。

图 1-1-51　美国奥林匹克博物馆

图 1-1-52　上海天文馆鸟瞰图

展陈空间设计具有空间开创性和视觉导向性的特点，界面组织具有连续性和节奏性，空间构成形式富有变化性和多样性。展陈空间不再仅仅是单纯地停留在陈列商品、摆放展品的层面上，而是通过信息传递、教育启蒙、节日活动、休闲娱乐等方式，来达到商品宣传促销和文化交流等的目的，使人与人之间更深入地交互沟通并共享富有意味的空间环境，所以参与性设计为参观者提供最充分、最优化的展示环境，提供最开放、自主的参观景观和路线。

展陈空间主要包括展示空间、陈列空间、销售空间和演示交流空间等主功能区和共享空间、服务与设施空间、休息空间和通道空间等辅助功能区。1929年西班牙巴塞罗那国际博览会中由现代设计大师密斯设计的德国馆突破了传统砖石承重结构形成的封闭孤立的空间形式，采取一种开放的、连绵不断的"自由灵活的空间组合"方式，形成既分隔又连通的空间，互相衔接、穿插，以引导人流，使人在行进中感受到空间的丰富变化，第一次确定了"流动空间"的概念（见图1-1-53）。自此流动空间成为展陈空间重要的组织手法。时间维度是展陈空间设计中一个极为重要的要素，当人们在具有长、宽、高三度空间的环境中活动时，会随着时间推移获得情绪、知觉甚至味觉方面的体验。

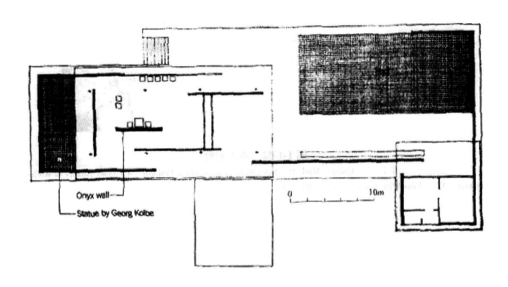

图 1-1-53 巴塞罗那德国馆平面图

展陈空间的分区如下。

（1）从功能上进行划分展陈空间主要包括接待区、展示区、洽谈区（休息区）、储藏间（可选）等空间。

（2）人流动线的设计在展陈空间中至关重要（见图1-1-54），按照观众线路序列可以划分为入口接待、序厅、沿展线各分展厅、尾厅几部分，这比较适合于纪念性、历史性题材等以时间为序的主题内容；序厅在专业展厅设计中十分重要（见图1-1-55），是展厅的先导部分，作为参观者观瞻的第一部分需要提纲挈领让参观者洞察到展厅的主题和大致内容，不仅在内容上要具有足够的吸引力，既要一目了然，又要具有激发参观者继续深入参观的吸引力；还要序厅所表现主题以及色调风格必须与展厅整体风格保持一致，表现出舒适大气之感（见图1-1-56、图1-1-57）。

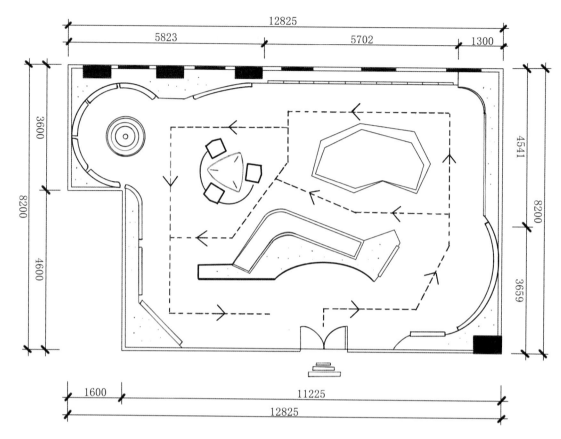

图 1-1-54　展陈空间动线规划

图 1-1-55　展示空间入口

图 1-1-56　战争博物馆

图 1-1-57　展示空间照明设计

（3）展陈空间可根据展陈主题和内容的需要，将空间设计成开敞与封闭、动静、虚实、大小、明暗、张弛等风格不同的系列空间（图1-1-58）。

图 1-1-58　展厅空间分类

（4）自由式构成：各展馆、展位之间组合随意，人流走线自由，无主次先后之分的展示空间，比较适合于博览会、展览交易会、商场超市等的展陈设计。

3．酒店宾馆

按照酒店的建筑设备、酒店规模、服务质量、管理水平，已经形成了比较统一的等级标准。通行的旅游酒店的等级共分五等，即五星、四星、三星、二星、一星酒店。五星酒店是旅游酒店的最高等级，设备十分豪华，设施更加完善，除了酒店房间设施豪华外，服务配套功能设施齐全：有中西餐厅、宴会厅、会议厅、社交、娱乐、购物、消遣、保健等活动中心；空间类型包括歌舞厅、卡拉 OK 厅或 KTV 房、健身房、按摩室、游戏机室、棋牌室、表演厅等，扩展空间还包括室内游泳池、室外游泳池、网球场、保龄球室、攀岩练习室、壁球室、桌球室、多功能综合健身房等。

客房室内设计风格大体分为欧美设计风格、中式风格和现代风格。欧美设计风格色彩艳丽、丰富、直观，形态方面以"线型"为主，并大多通过线型的色彩、大小、粗细、深浅和造型来体现风格（见图 1-1-59）；新中式风格线条简练，色彩经典，通过对中式屏风、中式窗棂、中式木门、博古架等中式元素的利用，既能起到分隔空间的作用，又能很好地增加空间层次感，利用线条简练的家具，瓷器、陶艺、窗花、字画等软装配饰营造不错的中式氛围（见图 1-1-60）。现代风格色彩则清淡、含蓄、内敛、冷雅，含灰量较高，形态以"体面"为主，运用"面"体现充满理性的视觉组合和虚

实关系，创造十分明快清新的效果（见图 1-1-61）。在客房系列中，不同的色彩表达不同的情感，可以使客人形成鲜明的印象。

图 1-1-59　欧式风格

图 1-1-60　新中式风格酒店

图 1-1-61　现代风格

酒店宾馆设计的主要内容是大堂公共部分和标准客房部分。大堂空间又称门厅，是宾馆出入的厅堂，也是人流交汇的汇集口。大堂设计应突出功能齐全、导线明确、感觉舒适、分布合理；

以满足人的生理和心理要求为宗旨,同时也要突出反映出酒店的风格档次。设计元素要鲜明统一有亲和力,装饰构件讲究功能性与艺术性的统一和谐。在大堂天花板的设计上,要讲究整体的气派和格调一致,整个空间环境给人一种宾至如归的感觉,有宽阔壮观的共享空间和亲切自然的优美环境(见图1-1-62、图1-1-63)。

图 1-1-62 酒店宾馆大堂

图 1-1-63 酒店宾馆

客房部分一般分为服务台、单人间、标准房、套房设计。以不同的功能划分区域包括入口区、行李区、衣柜区、卫生洗浴区、睡眠区、休息区、休闲酒吧区、办公区、化妆区、交通区等。客房设计一般和开放共享空间部分如大厅、过道等区域的色调风格相一致,是文化主题和技术要素的集中表现,它的系统性、功能性、方向性、标准性和艺术性都很强,一切必须"以人为本"。

4. 办公空间

办公空间按办公属性一般分为行政性办公空间和经营性办公空间,功能空间既包括普通办公空间、会议室、计算机机房、多媒体视听间、报告厅等实体空间,也包括智能门禁、电子考勤、网上办公交互等网络虚拟空间。网络信息化、人工智能的兴起拓展了现代办公空间的内涵和外延,这也是现代科技、现代企业管理以及办公理念共同作用所决定的(见图1-1-64)。

现代办公早已不局限于固定的场所空间,而流行开放式办公和服务,一般通过桌面矮隔板或玻璃隔断形成个人相对独立的办公区域,将若干个部门置于一个大空间之中,突出人与人之间、人与环境的共享融合,同时兼顾相对独立性,充分体现现代办公交流协作的理念特点(见图1-1-65)。

图 1-1-64 开放共享办公空间

图 1-1-65 loft 风格办公空间

在平面功能组织上通常按工作联系的紧密程度来安排单元空间，联系通道根据人流数量和使用效率拟定宽度，布局科学合理，避免来回穿插及往返过多而造成时间上的浪费，同时避免给他人带来听觉和视觉上的干扰。墙面根据企业性质适当布置图片和制度牌，彰显企业文化；办公空间在装饰选材上注重绿色环保，色彩上讲究简洁明快，装修技术上向着标准化、集约化、装配式、智能化方向发展，便于后期更新改造。

三、室内设计的目标

室内设计是建筑设计的继续和深化，是室内空间环境的再创造。

任何优秀的建筑作品都是物质功能与审美功能、实用性与经济性、技术性与艺术性的完整统一。古罗马建筑师维特鲁威提出建筑的三条基本原则即"实用、坚固、美观"就表达了这样的思想。张绮曼在《设计哲学与现代室内设计》中认为，室内设计是从建筑内部把握空间，根据空间的使用性质和所处的环境，运用物质技术及艺术手段，创造出功能合理、舒适美观，符合人的生理心理要求，使使用者心情愉快，便于生活、学习、工作的理想场所的内部空间环境设计；好的室内设计是以人为本的。所以说建筑的目标和室内设计的目标是一致的，既满足人的物质功能需要，又要满足人的精神审美需要。

室内设计是建筑设计的继续和深化，是室内空间和环境的再创造；室内设计的目标是以环境为源、以人为本，实现建筑内外的完美统一；室内设计工作的目标可概括为结构安全实用、功能完善舒适、形态美观大方、传承人文价值四个方面。

（一）结构安全实用

在给定的建筑框架、结构以及经济技术条件下，根据使用功能的要求重新确定平面布局和空间造型，满足建筑原有建筑结构安全、装饰施工安全和建成后使用安全。

（二）功能完善舒适

根据使用功能的要求，设计安装如采光、照明、制冷、保温、隔声、消防、通信、信息网络等设备设施，并为可预见的未来空间品质升级预留充足空间比如智能化、信息化等。

（三）形态美观大方

从美学角度对室内各界面（地面、天花、墙面、柱子等）进行装饰设计，如室内界面的装饰形式、色调的搭配、材料的选择等。

（四）传承人文价值

通过针对性创意设计，保证室内设计的个性化"定制"，设计总是针对特定的消费对象、特定的消费目的，有鲜明的目标和针对性。

复习和思考题

1. 什么是室内设计？与建筑设计有什么内在联系？

2. 通过学习了解室内设计的发展历史，你从中获得哪些启示？

3. 室内空间有哪些分类方法？分别包括哪些方面内容。公共空间有哪些分类方法？简单介绍自己最熟悉的空间类型。

4. 室内设计的目标是什么？其未来发展趋势可能有哪些变化。

5. 同学分组收集不同风格的室内空间设计图片（包括居家空间和公共空间），做成PPT进行分析讨论这些室内风格的特点。

6. 徒手临摹室内空间效果图片3～5张，表现手法不限。

第二节 室内设计的要素

室内设计是一个相当复杂的内容体系，设计要素包括了物质层面、审美层面、文化层面以及经济层面等方面的内容，具体包括功能与形态、空间界面、色彩与灯光、材质与肌理、家具与陈设、风格与流派等。无论是居家空间还是公共空间，室内设计都既包含有普适的室内设计要素，也包含有消费者的个性化诉求。

一、空间与界面

（一）空间界面

所谓"空间"是指由具有长度、宽度和高度的实体限定围合而成的一种虚空的存在形式；"三十辐共一毂，当其无，有车之用。埏埴以为器，当其无，有器之用。凿户牖以为室，当其无，有室之用。是故有之以为利，无之以为用。"老子很早以前就深刻表达了空间利用的哲学关系。室内设计的目标是"空"的部分，实现手段却是设计和建造"实"的部分。根据空间特点可分为自然空间和人工空间、外部空间和内部空间、开敞空间和封闭空间、单元空间和复合空间、延展空间和共享空间等。

所谓"界面"即围合成室内空间的底面（楼、地面）、墙立面（墙面、隔断）和顶面（顶棚）。简单的说，一个立方体盒子就是由前后左右上下六个界面构成，界面既构成了外部空间，又构成了内部空间，界面构成了内外两个空间的包装"壳"。所有的室内空间都是由一定数量和形式的界面围合构成，室内设计必须从空间整体观念出发，把空间与界面、虚无与实体、无与有的矛盾有机地结合在一起来进行分析和对待。

如果把肌肤看成人的第一层表皮，衣服是第二层表皮，那么建筑就是第三层表皮，这就是在绿色建筑设计中称之为的"建筑是人的第三层皮肤"。

人们对室内空间形状和环境氛围的感受实际上是对构筑空间的实体界面的直观视觉形象，室内空间形态主要决定于界面形状及其组合方式，所以界面设计是室内设计的关键，是对点、线、面、体和形、色、质、光等造型要素的艺术处理；既有功能技术要求，也有造型和美观要求，既有线条和色彩设计，也有材质选用和结构构造设计；一方面解决文化心理、审美精神问题，一方面解决物质功能构造的问题，形式和功能两者相辅相成。随着新材料和新技术的进步，室内空间得到了极大的解放和自由。

（二）空间的限定

空间限定是利用点、线、面、体等形体要素对空间进行围合或隔离从而形成不同限定度的空间，使空间具有不同程度的开敞效果；一般用"限定度"来判别和对比开敞程度的强弱（见图1-2-1）。现实生活中设计师常利用多种限定元素进行组合变化，形成各种不同限定度的空间，创造了丰富多变的空间形态。这种用于分隔围合限定空间的构件要素被称为限定元素；室内设计主要从水平方向和垂直方向两个维度进行空间的限定。

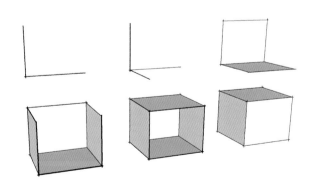

图1-2-1 界面对空间的限定

1．水平维度

水平维度是指在水平方向根据人的身高尺寸和行为特征，使用覆盖、凸起、下沉、悬架等手法，改变顶棚、地面部分区域的高度或利用色彩、材质的变化进行象征性限定，给人造成被隔离、偏移、疏远的心理感觉；即使同样高度的物体（以自己身高为例），因为水平距离的不同（1 m、3 m、6 m），会分别给我们产生挤压、宽松、开阔的心理感受（见图 1-2-2）。

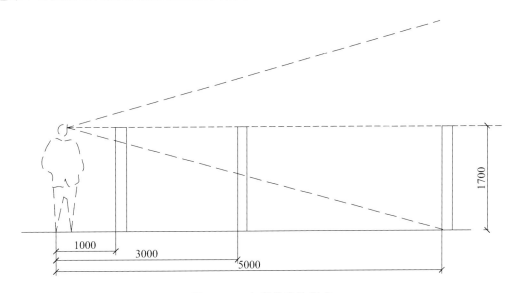

图 1-2-2　水平维度的限定

（1）覆盖。

一般采取在上面悬吊或在下面支撑限定元素的办法来限定空间。在室内设计中，覆盖这一方法常用于比较高大的室内环境中，限定元素的透明度、质感以及离地距离等的不同，也会影响到限定效果使其有所不同（见图 1-2-3）。

图 1-2-3　空间限定——覆盖

（2）凸起。

人为设定一部分空间高出周围地面。在室内设计中，这种空间形式有强调、突出和展示等功能，有时也具有限制人们活动的意味，如舞台（见图 1-2-4）。

图 1-2-4　空间限定——凸起

（3）下沉。

通过人为设定，使一部分区域低于周围的空间，在设计中常常能起到意想不到的效果。下沉可以为周围空间提供一处居高临下的视觉感受，易于营造一种静谧的气氛，同时亦有一定限制活动的功能。无论是凸起或下沉，都涉及地面高差的变化，所以在公共空间、老人和儿童空间中须注意其安全性设计（见图1-2-5）。

图 1-2-6　空间限定——架设

图 1-2-5　空间限定——下沉

（4）架设。

指在原空间中局部设置或增设一层或多层空间的限定手法。上层空间的底面一般由吊杆悬吊、构件悬挑或由梁柱架起，有助于丰富空间效果，室内设计中的夹层及通廊就是如此（见图1-2-6）。

2. 垂直维度

垂直维度是指在垂直方向根据人的身高尺寸和行为特征，使用设立、围合、综合等手法，给人造成被阻挡、隔离、封闭的心理感觉。参照人体尺寸的几个尺度给人心理上产生的先定度，450 mm 一般椅子的高度有隔离感，但可以轻松跨越，800 mm 一般桌子的高度有明显的隔离感，但还感受不到压抑；2 100 mm 一般门洞的高度产生完全隔离感，2 400 mm 一般衣柜的高度给人产生墙体的感觉，有良好的隔离性和私密感（见图1-2-7）。

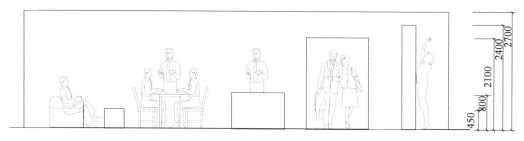

图 1-2-7　垂直维度的限定

（1）设立。

是把限定元素设置于一个空间中，并在该元素周围限定出一个新的空间。在该限定元素的周围常常可以形成一种环形空间，限

定元素本身亦经常可以成为吸引人们视线的焦点；在室内设计中，一组家具、一个单体雕塑或陈设品等都能成为这种限定元素，它们既可以是单向的，也可以是多向的；既

可以是一个单体，也可以是不同种类物体的组合（见图 1-2-8）。

图 1-2-8　空间限定——设立

（2）围合。

通过在一区域四周设定的方法来限定这一定空间的手法，也是最典型的空间限定方法；用于围合的限定元素很多,常用的有隔断、隔墙、布帘、家具、绿化等。这些限定元素在质感、透明度、高低、疏密等方面的不同，其所形成的限定度也各有差异，给人的空间限定感觉也有相应的不同（见图 1-2-9）。

图 1-2-9　利用家具围合空间

（3）综合限定。

通过界面质感、色彩、形状及局部照明等手法来限定空间。这些限定主要通过人的心理意识发挥作用，更多侧重于于抽象限定，限定度较低。当这种限定方式与某些行为规则或习俗等结合时，其限定度就会明显提高（见图 1-2-10）。

图 1-2-10　综合限定

（三）空间组合

空间组合主要是两个以上空间的组织连接关系，通常有包容、嵌套、邻接、穿插、集中、放射、组团、线式等方式。

在规模较大的室内设计项目中，通常需要依据功能特点对空间进行多次细分和组织排列，也就是对不同子空间进行组合。空间组合方式常有以下几种：以廊为主的线型组合方式、以中庭为主的圆庭组合方式、嵌套组合方式和以某一大型空间为主体的中心组合方式，这几种方式既各有特色，又常综合应用，形成了丰富多彩的空间效果（见图 1-2-11）。

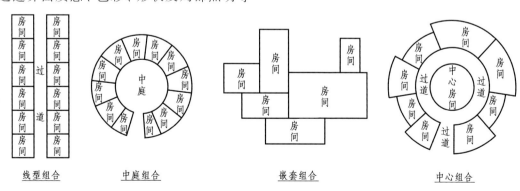

图 1-2-11　空间组合方式

1. 线型组合

各功能子空间之间没有直接的连通关系，而是借走廊或某一狭长空间串联着取得联系，这种组合又被称为"线型空间"；各空间和交通联系空间各自分离，这样既保证了各功能空间的安静和不受干扰，同时又保持必要的联系。走廊可长可短、可曲可直、可宽可狭、可封可敞、可虚可实，以此产生丰富而颇有趣味的空间变化；学校、医院、办公楼多采用此方式进行空间组合。

2. 圆庭组合

以中庭为中心，其他各功能空间呈辐射状与中庭直接连通，这种组合又被称为"圆厅空间"；通过"厅"既可以把人流分散到各功能空间，也可以把各功能空间的人流汇集至"厅"，"厅"起着人流分配和交通联系的作用；可以从"厅"任意进入一个功能空间而不影响其他空间，增加了使用和管理的灵活性。其中"厅"可大可小，可方可圆，可高可低，甚至数量亦可视建筑的规模大小而不同。在大型建筑中，常可以设置几个厅来解决空间组织的问题。

3. 嵌套组合

把各使用空间直接衔接在一起从而形成整体，没有交通空间与功能空间之间的差别，不存在专供交通联系用的空间；这在居家空间、自由式布局展示空间中尤其常见。

4. 中心组合

以一空间为中心其他空间环绕其四周布置的方式。这种组合方式中心空间在功能上比较突出，主次关系十分明确。旅馆中的中庭、会议中心的报告厅、体育类和观演类建筑中的观众厅就是这样的主体空间。

室内空间的组合实际上是根据不同使用目的，在垂直和水平方向进行各种各样的分隔和联系，通过不同的分隔和联系手法，营造出多个既独立有相互联系的多空间形态，满足不同的人开展不同活动的需要；空间组合不仅仅是技术实现的问题，也是艺术审美的问题，其形式、组织、比例、方向、线条、构成以及整体布局等都对整个空间设计效果有着重要的影响；内部空间之间的封闭和开敞、大与小、多与少、远与近等反映出空间组合的特色和风格。

（四）空间序列

多个空间按照某种内在逻辑或规律以不同的尺度和形态进行不间断连续排列组合，被我们称为空间序列。空间序列是一种空间组合方式，相当于空间组合中的线型组合（见图1-2-12）。

空间序列常在建筑群设计中用于体现建筑秩序关系。在规模较大的室内设计项目或者按时间先后顺序发生行为的空间组织中，室内空间的再创造、再组合也是类似于空间序列的问题，比如展陈空间。室内设计中的空间序列一般在主观上是按照发生时间的先后顺序来安排的，其次需要考虑主要人流方向的空间处理，空间序列在主要人流方向上一般可以概括为入口空间→一个或多个次要空间→高潮空间→一个或多个次要空间→出口空间，根据这些空间的承、转、起、合安排起始阶段、过渡阶段、高潮阶段、终结阶段等内容，用空间语言来强化表现内容主题，这是一种综合时间、空间形态、主题内容而作用于人的一种艺术手段，可以更深刻、更全面、更充分地发挥建筑空间艺术对人在心理上、精神上产生的影响（见图1-2-13）。

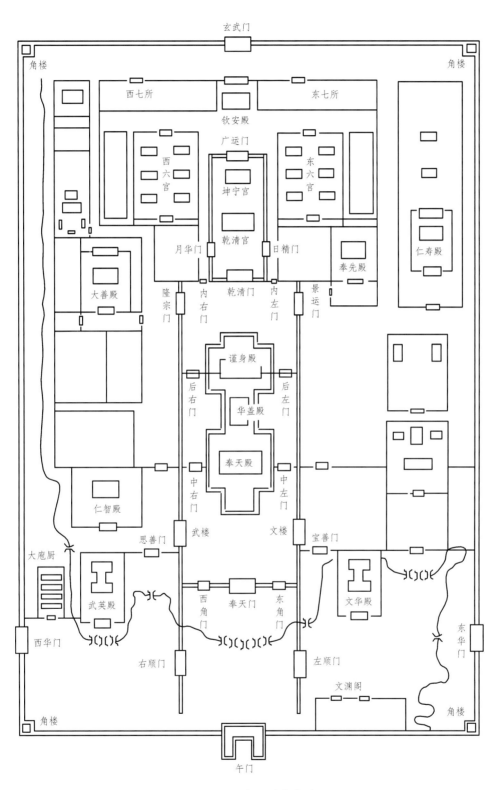

图 1-2-12 明永乐时紫禁城图

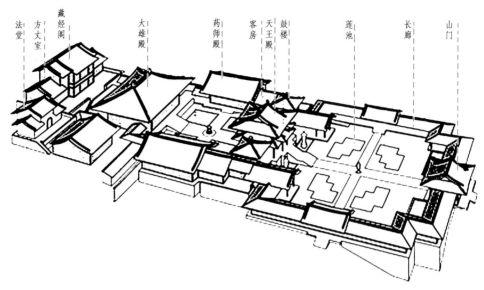

法堂 藏经阁 方丈室 大雄殿 药师殿 客房 天王殿 鼓楼 莲池 长廊 山门

图 1-2-13　佛教寺院平面布局

不同的序列组织手法会产生不同的空间序列印象。因此空间序列设计不会是完全同上述序列一样的模式，突破常例有时反而能获得意想不到的效果，如欲扬先抑，欲散先聚，欲广先窄，欲高先低，欲明先暗等。良好的建筑空间序列设计，宛如一部完整的乐章、动人的诗篇。空间序列的不同阶段不仅和乐曲一样，有主题，有起伏，有高潮，有结束，也和剧作一样，有主角和配角，有矛盾双方的对立面，也有中间物。序列空间的连续性和整体性给人以强烈的印象、深刻的记忆和美的享受，是通过每个子空间从形态、色彩、陈设、照明等一系列室内设计建造手段来实现的（见图 1-2-14）。

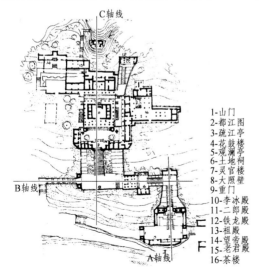

C轴线

B轴线

A轴线

1-山门
2-都江图
3-疏江亭
4-花观楼亭祠
5-观澜地
6-土花观壁
7-灵官楼
8-大重门
9-重门
10-李冰殿
11-二郎殿
12-铁龙殿
13-祖殿
14-望帝殿
15-老君殿
16-茶楼

图 1-2-14　都江堰二王庙平面图

二、功能与形态

（一）空间功能

功能性是满足使用者在室内空间生活与活动的物质需求。人们建造房子，总是为着一定具体的使用目的和需求，这就是建筑的功能，避风遮雨、衣食住行、工作生活学习等，于是各种功能类型的建筑相继产生，住宅、学校、医院、宫殿、庙宇、教堂、府邸等，随着社会生活内容的日趋丰富，为适应新的功能而出现大量新的建筑，工业建筑、办公楼、博物馆、商务中心、体育场馆、火车站、航站楼等，很多建筑都具有明显的识别性。

空间的功能包括物质功能和精神功能。物质功能即空间如何满足功能上的需要如教室内必须布置能满足师生进行上课学习的桌椅，教学组织方式决定了桌椅的布置特点，开放式的还是传统式的，集中式的还是分散式的，其次通道、采光、照明、通风、隔声、隔热等物理环境也必须满足相应规范要求，使用者是大学生、中学生还是小学生，其生理特征决定了家具设施必须符合人机工程学要求；精神功能是指空间的文化审美必须符合学校学生的年龄、心理特征。功能第一,形式第二。空间形态、色彩的设计等其他要素都要以更好实现空间功能为前提;因此室内设计是一项复杂的系统工程,设计师在现实室内设计中应遵循具体问题作具体分析的原则,力求做到功能和形态的完美统一。

(二)空间形态

建筑大师赖特对空间的解读是:真正建筑空间并非在他的四面墙,而是存在于里面的空间,那个真正住用的空间。建筑的价值不在于建筑的形态本身—建筑实体的壳,而是"空间形态"—壳体围合而成的虚空部分。人类对空间的认知和建造并不是一帆风顺的,而是经历了漫长的三个阶段(见表 1-2-1、图 1-2-15、图 1-2-16、图 1-2-17)。

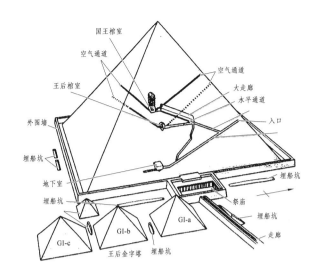

图 1-2-15 胡夫金字塔结构透视图

表 1-2-1 空间认知阶段划分

建造阶段	特点	代表作	大致年代
原始阶段	有外无内,突出外在形象为主	金字塔	约公元前 2700 年
初级阶段	内外形态脱离	万神庙	公元 120—124 年
中级阶段	外部形态与内部形态轮廓统一	现代主义建筑	1926 年,柯布西耶提出"新建筑五点":独立基础的柱子架空底层;平屋顶花园;自由平面,墙无需支撑上层楼板;横向的长窗于两柱之间展开;自由立面,可以独立于主结构
高级阶段	内外形态统一且自由多变	鸟巢拉斐尔铁塔	1889 年 2008 年

(a)

(b)

图 1-2-16 罗马万神庙空间形态

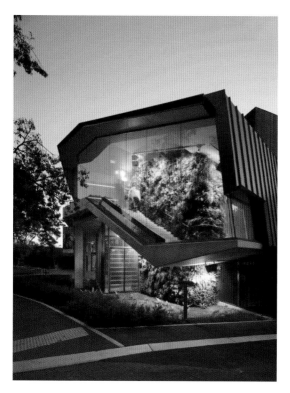

图 1-2-17 漂浮的楼梯 自由空间

（三）功能和形态的关联

在建筑功能和形态的关联性方面，除开建造技术限制原因之外，在近现代出现了两种比较有代表性的观点。

1. 勒柯布希耶的"房屋是居住的机器"与密斯的"少就是多"

这是现代功能主义建筑的基本观点：强调功能，形式取决于使用功能的需要，形式服从功能。应用新技术、新材料、新结构、新设备和工业化施工，体现新的建筑审美观"机器美学"，多为几何体的抽象组合，简洁明亮。代表人物现代大师勒柯布希耶在《走向新建筑》一书中强调"房屋是居住的机器"。功能主义被视为现代建筑设计所遵从的主要原则。但因过分强调纯净，否定装饰，最后发展到了极端的地步，使建筑成了冷冰冰的机器（水泥盒子），缺乏人的生活气息。

2. 文丘里的"建筑的复杂性和矛盾性"

后现代主义建筑大师罗伯特·文丘里的作品和著作与功能主义主流分庭抗礼。他的著作《建筑的复杂性和矛盾性》（1966 年）和《向拉斯维加斯学习》（1972 年）被认为是后现代主义建筑思潮的宣言。他反对密斯·凡·德罗的名言"少就是多"，认为"少就是光秃秃"。他认为建筑应该形式活泼，具有装饰性的同时又具有隐喻性。他认为赌城拉斯维加斯的面貌，包括狭窄的街道、霓虹灯、广告牌、快餐馆等商标式的造型，正好反映了群众的喜好，建筑师要同群众对话，就要向拉斯维加斯学习。其代表作《母亲之家》体现了象征、符号、语义学等在建筑设计中的应用，这种模棱两可，武断而含混，充满隐喻式的立面，具有强烈的后现代主义拼贴性趣味（见图 1-2-18、图1-2-19）。

图 1-2-18 夸张的楼梯形态

图 1-2-19 网架线条与空间

三、照明与色彩

根据照明方式的不同可以分为直接照明、间接照明和半间接照明几种方式，不同的光照方式可以形成直射光、反射光、漫射光和透射光等多种照度和亮度。光照亮了世界，照亮了空间；光源分为自然光和人工照明。自然环境中的建筑在太阳光的照射下，光线和阴影加强建筑了形体凹凸起伏的感觉，形成有韵律的变化，从而增添了建筑形象的艺术表现力。室内设计更是如此，照明设计起着非常重要的作用，尤其是在舞台、演艺厅、酒吧等商业空间，灯光照明成为塑造形态、营造氛围、渲染情绪的重要手段，可以达到四两拨千斤的效果（见图 1-2-20、图 1-2-21）。

图 1-2-21　星球酒吧色彩与灯光设计

各种不同的材料表现出不同的色彩和质感。因室内装饰材料色相及色彩明度纯度、表面光洁度、反光度等不同，因此在光的照射下，产生出粗糙和光滑、软与硬、轻与重、冷与暖、光泽与透明等不同的视觉和触觉效果，如人造材料的明快纯净与自然材料的柔和沉稳；金属、玻璃材料的光滑透明；砖石材料的敦厚粗糙等。色彩和质感的变化在室内设计中被广泛运用，就是为了获得优美、有特色的建筑艺术形象，并给人带来温度感、距离感、尺度感和重量感等，（见图 1-2-22）。

光源对色彩的影响：充分考虑材质固有色、环境色和光源色的综合效果，同种材质在不同光源照射下呈现出冷暖不同的效果，同时兼顾触感和视觉感受的统一。如红色花岗石、大理石触感冷，视感还是暖的；而白色羊毛触感是暖，视感却是冷的（见图 1-2-23）。

图 1-2-20　色彩灯光成为空间的主角

图 1-2-22

图 1-2-23　材质与肌理

四、材质与肌理

建筑空间的形成与结构、材料有着不可分割的联系，空间的形状、尺度、比例以及室内装饰效果，很大程度上取决于结构构成形式及其所使用的材料质地。由于室内空间距离人的感知尺度较为接近，一般是看得清、摸得着的，人们不限于用眼睛来体验，更喜欢通过身体的触摸来感受物体质感温度（见图 1-2-24）。人们在生活工作中不可避免的会接触到如地面、墙体、家具、软饰品等，而室内一切物体除了形态、颜色以外，材料的质地即它的材质肌理（或称纹理）对空间品质起着非常重要的作用。比如是粗糙还是光滑、是柔软还是坚硬、光泽与透明度如何、肌理弹性如何、是温暖还是冰冷等。室内的家具设备、材料的质地给人带来的质感显得格外重要（见图 1-2-25）。

图 1-2-24　太湖·民宿

（a）木屋烧烤店

（b）民宿空间

图 1-2-25

材料经过精心设计可以达到丰富的效果，以木料为例，有剥去皮的圆木、碳化木、原木面罩清漆或混油等。有些材料可以通过人工加工进行编织，如竹、藤、织物，有些材料可以进行不同的组装拼合，形成新的构造质感，使材料的轻、硬、粗、细等得到转化。利用好材质肌理可以让空间充满更多细节，增加空间的丰富表现力；另一方面室内设计应尽量克服材质带来的可能不利因素，对光滑坚硬的材料，如金属镜面、磨光花岗石、大理石、水磨石等，应注意其反映周围环境的镜面效应，有时对视觉产生不利的影响如在电梯厅内应避免采用有光泽的地面，这些地面的强反光反映的虚像，会使人对地面高度产生错觉（见图 1-2-26）。

图 1-2-26　材质综合运用

五、家具与陈设

（一）家具

家具陈设主要指室内的家具、灯具、艺术品、纺织物、绿化以及其他各种装饰陈设品的设计；家具与陈设是室内设计中非常重要的构成要素，在很大程度上决定了一个空间场所的风格情调和品质（见图 1-2-27）。

（a）空间陈设

（b）家具对空间氛围的营造

图 1-2-27

家具按制作材料可分为木质家具、竹藤家具、金属家具、塑料家具、玻璃家具、大漆家具、橡胶家具等；按使用功能可分为坐卧类、储藏类、凭倚类、多功能家具以及其他类型的家具。家具布置的基本形式有周边式、岛式、单边式、走道式等；室内设计中，家具担当着重要的角色，家具不但可以分隔、围合、限定空间，丰富空间层次，组织人流线路，明确使用功能（见图1-2-28），同时可以丰富空间内容，表达人们的审美情趣，还可以反映民族文化，营造特定空间环境氛围，调节室内环境色彩；其风格、造型、材质、色彩、尺度、数量和配置关系等因素在很大程度上烘托或左右室内空间的气氛和格调，并与室内空间的总体风格相谐调，与整体环境相匹配（见图1-2-29）。

图 1-2-28　家具组织分隔空间

图 1-2-29　家具与空间格调

利用家具来塑造空间是室内设计中的一个非常重要的内容，利用家具承载身体、收藏和展示物品或用家具围合分隔、划分出不同的功能区域，组织人们在室内的活动路线和范围；如在景观办公室中利用家具单元沙发等进行分隔和布置空间；在居家空间设计中利用壁柜来分隔房间；在餐厅中利用桌椅来分隔用餐区和通道；在商场、营业厅利用货柜、货架、陈列柜来划分不同性质的营业区域等；家具分隔空间既可减少墙体的面积，减轻自重，提高空间使用率，还可以通过家具布置的灵活变化达到适应不同的功能要求的目的。室内设计师对部分家具内容不一定亲自动手完成，而是扮演工程组织者和指挥者的角色，从整体上规划和把控制整个项目，具体制作时直接到市场采购或定做。

（二）室内陈设

概括地讲，陈设艺术设计泛指一个室内空间除了地面、墙面、天花、柱子等固定构件外，其余可移动的部分如字画、摄影作品、雕塑、盆景植物、个人收藏品等都可认为是室内陈设品；所以陈设品的范围非常广泛，内容极其丰富，它不仅具有组织空间、分隔空间、填补和充实空间、塑造空间形象等功能，对室内环境气氛的烘托、环境的渲染都起到举足轻重的锦上添花、画龙点睛的作用，是一个完整的室内空间设计必不可少的内容（见图1-2-30）。陈设的方式有地面摆放、墙面悬挂、柜架放置、桌面陈放、悬空吊挂等。不同风格、不同功能的空间对陈设品要求也各不相同，陈设品按不同材质、用途、作用及功能可分为实用性陈设和装饰用陈设两类。

图 1-2-30　室内陈设对空间性格的影响

实用性陈设品既有实用价值又有观赏价值，所以种类多、作用大，包括有家具、地毯、窗帘、床上用品、家具、衬织物、靠垫、瓷器、玻璃器皿、塑料制品、家用电器等。

装饰性陈设指非实用性的装饰陈设品，包括装饰织物、挂毯、雕塑、艺术陶瓷、各种美术作品及装裱框、烛台、工艺礼品、民间玩具、古玩、灯具和绿化等。

装饰性陈设品并没有一个严格意义上的规定，在室内环境中的使用具有很大的灵活性，人们可以随心所欲地将一件物品作为陈设品来摆放，但是精到的陈设品选择和别具匠心的陈设布置是营造室内环境氛围不容忽视的步骤和手段，是体现室内品位和格调的根本所在，包含历史地理、文化传统、地方特色、民族气质、个人品位等精神内涵和人文信息（见图 1-2-31）。

图 1-2-31　室内陈设与空间性格

六、室内设计风格

一种典型风格的形成，通常与当地的人文因素和自然条件密切相关，又具有创作中的构思和造型的特点，成为风格的外在和内在因素。室内设计风格就是不同的时代思潮和地区特点，通过创作构思和表现逐渐发展而形成的具有代表性的室内设计形式，所以风格流派与形式、材料、色调等要素紧密相连。现代室内设计一直在实践中发展变化，在不同的历史时期的设计思想、审美倾向以及新材料新工艺不断变化，形成每一个时代的时代特征。了解各种建筑思潮与流派，可以开阔室内设计师的视野，也为室内设计理论与设计创新提供新的动能。

室内设计风格按照时间线索又可以分为传统风格、现代风格、后现代风格以及自然风格等；按照形态特征可以分为中式风格、欧式风格、北美装饰风格、东南亚风格、混搭风格等（见图 1-2-32）。

图 1-2-32　工业风格与混搭

（一）中式风格

中式风格是将中国传统的家具、装饰品、图案、文化符号以及色彩作为设计元素用于室内装饰中，在色彩，家具，陈设，布置等方面具有鲜明的特点，多采用对称式的布局，多以黑、红作为主要的装饰色彩，陈设内容包括字画、匾幅、挂屏、盆景、瓷器、古玩、屏风、博古架等，格调高雅，造型简朴优美，色彩浓重而庄严（见图1-2-33、图1-2-34）。

图1-2-33　中式风格

图1-2-34　中式风格

（二）欧式风格

欧式风格指具有欧洲传统艺术文化特色的风格，多用在建筑及室内行业。根据不同的时期常被分为古典风格、中世纪风格、文艺复兴风格、巴洛克风格、新古典主义风格、洛可可风格等；根据地域文化的不同可以分为地中海风格、法国巴洛克风格、英国巴洛克风格、北欧风格等，多用罗马柱、阴角线、挂镜线、腰线、壁炉、拱形或尖肋拱顶、油画等进行装饰表现，结合实木家具、华丽的灯具、镜子、小饰品、欧式壁纸等，塑造一种华丽、精美、高雅的空间品质感（见图1-2-35、图1-2-36）。

图1-2-35　欧式风格

图1-2-36　地中海风格特点

（三）北美风格

北美风格是指受欧式、中式、日式多种成熟建筑风格的影响呈现出的一种混搭风格，轻装修重装饰，注重建筑细节、有古典情怀、外观简洁大方并融合多种风情于一体，材料使用上比较崇尚自然材料，比如枫木、榉木、曲柳、原木等没有艳丽的色彩，也没有过多的修饰，还材料以本色，石材多选用天然石材的大理石、花岗岩等，这些材料来自于自然，突出以人为本，以自然为本的现代设计理念（见图1-2-37、图1-2-38）。

图1-2-37　美式风格

图 1-2-38　美式风格

图 1-2-40　东南亚风格

（四）东南亚风格

东南亚风格是一种结合东南亚民族岛屿特色及广泛利用木材及当地天然原材料，如藤条、竹、木皮、石材、青铜和黄铜等进行室内装饰和陈设，形成的一种崇尚自然的原汁原味的风格，色调稳重素雅。家具大多就地取材，比如印度尼西亚的藤、马来西亚河道里的水草以及泰国的木皮等纯天然的材料（见图1-2-39、图1-2-40）。

图 1-2-39　东南亚风格

复习和思考题

1. 室内设计的要素有哪些？

2. 什么是空间界面？如何理解界面和空间的关系。

3. 学校里，你最熟悉的功能空间有哪些？你最喜欢哪些空间？为什么？

4. 室内设计采光、照明和色彩哪一个要素最重要？为什么？

5. 材质和肌理是一个意思吗？有什么区别？请举例说明。

6. 居住空间中的家具种类有哪些？简述家具在空间中的布置方法。

7. 居住空间中陈设是指哪些内容？布置原则有哪些？

8. 如何选择居住空间中的家具和陈设品？

第三节　室内设计师国家职业标准

随着我国大力推行劳动预备制度及就业准入制度，国家劳动和社会保障部也将陆续在更多的行业中实行持证上岗、资格准入制度，室内设计专业职业资格证书已经在我国推行了很多年。目前国内最具有法律及权威性的职业资格证书是由人力资源和社会保障部颁发的室内装饰设计师证,是给在相关部门组织的考试中合格的人颁发的国家职业资格证书,证书中英文对照,网上注册统一管理,国内、国际通用,终身有效,用于考核晋升,职称评定,积分落户,企业资质升级挂靠。考试内容包括室内装饰专业知识、设计创造力和艺术表现能力、设计技巧和工作技巧、市场意识和职责、室内装饰设计项目管理等(见图 1-3-1)。

图 1-3-1　设计师能力构架

在国内经济高速发展的大环境下,各地基础建设和房地产业发展生机勃勃,装饰设计和施工企业都急需大量优秀的专业人才,而目前国内相关专业从业人员,无论从数量上还是质量上都远远满足不了市场的需求。因为室内装饰设计师是一份直接关系到人民幸福感、获得感的职业,所以在未来有广阔的发挥潜力。

室内装饰设计师国家职业资格执业许可制度的建立,有利于培养室内装饰设计行业专业综合素质人才,提高室内设计人员的业务素质,优化室内设计施工的服务质量水平。

一、关于室内装饰设计师

室内装饰设计人员是指运用物质技术和艺术手段,对建筑物及飞机、车、船等内部空间进行室内环境设计的专业人员,重在解决室内空间中人与物、人与人、物与物之间的关系,以适合人的身心活动要求,取得最佳的使用效能,其目标是安全、健康、高效能和舒适。

"室内装饰设计师"这种职业是伴随着室内设计行业的产生发展而逐步形成的。以美国为例,早在 20 世纪 30 年代的美国,室内装饰业发展迅速,室内装饰业就已成为一个正式的、独立的专业类别。1931 年,美国室内装饰者学会成立,成为以后的美国室内设计师学会的前身。20 世纪 50 年代,作为一种职业概念的"室内设计师"开始被普遍地接受。1957 年,美国"室内设计师学会"的成立标志着这门学科的最终独立。如今,在美国及一些发达国家,室内设计师已经与建筑师、工程师、医师、律师等一样成为一种职业,它专指接受过室内设计专业教育,具有室内设计的工作经历,具备室内设计的技能和技巧，并通过了室内设计师职业考试的专业人员。我国在 20 世纪末开始推出室内设计师的职业化考试和认证。室内设计作为一门综合性强、多学科交叉的新兴学科，涉及建筑学、城市规划、结构工程，美学、环境物理、心理学等众多学科，其边界具有一定的模糊性，所以不能按照传统的方式去认知理解它，在制订专业规划和课程设置计划时，应将视野伸向更广阔的领域。

二、基本工作范围和能力要求

现代室内设计师综合的室内环境设计，包括视觉环境和工程技术方面的问题，也包括声、光、电、热、网络等物理环境以及氛围、意境等心理环境和文化内涵等内容。

设计师要在一个设计项目中解决关于空间、结构、材料、水电、暖通、设备等一系列复杂问题，要协调各种问题和矛盾，就必须严格按照科学的设计程序和方法，遵循科学的逻辑思维对各种问题进行分析、归纳、判断和推理。任何从事室内设计工作的设计师，只有系统掌握室内设计的相关理论，具备室内设计的相关技能，才能处理好每一个室内设计课题。在其专业范围内需做好以下三方面的工作。

（1）识别、探索和创造性地解决有关室内空间环境的功能和审美方面的问题。

（2）运用室内构造、建筑体系与构成、建筑法规、设备、材料和装潢以及声、光、热等建筑物理方面的专业知识，为业主提供与室内空间相关的服务，包括：立项、设计分析、空间策划与美学处理等。

（3）制作室内设计有关的图纸与文件，并以提高和保护公众的健康、安全和福利为

目标；其中最重要的就是要具备相应的空间思维能力即空间想像力和室内设计方案的表达技巧和能力，其主要的设计表达方式有图形表达、文字与语言表达、模型和动漫表达三种（见图 1-3-2）。

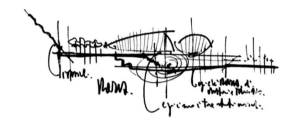

图 1-3-2　设计分析草图

① 图形表达。

室内设计表达是在二维平面的作图过程中完成三维要素的空间表现，必须调动所有可能的视觉图形传递工具。在方案构思阶段主要用徒手画的形式表达方案概念，设计图纸包括：徒手画（速写、拷贝描图），正投影制图（平面图、立面图、剖面图、细部节点详图），透视图（一点透视、两点透视、三点透视、轴测透视）等。正投影制图主要用于方案施工图的制作；透视图主要侧重于对室内空间视觉形象的表达（见图 1-3-2、图 1-3-3、图 1-3-4、图 1-3-5、图 1-3-6、图 1-3-7、图 1-3-8）。

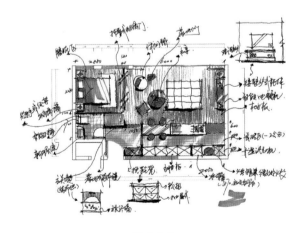

图 1-3-3

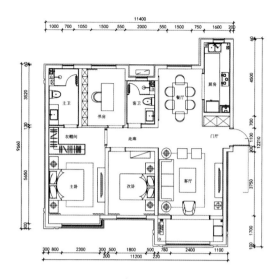

图 1-3-4　地平面功能布局图

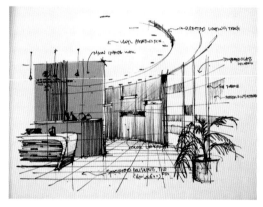

图 1-3-5　初步方案

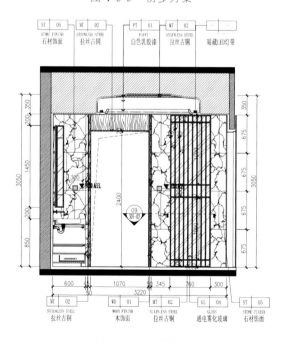

图 1-3-6　立面图

图 1-3-7　别墅私密性分析

图 1-3-8　水彩效果图

② 文字与语言表达。

文字是对设计方案中用图纸不能表述的部分进行的一种辅助表达，也是对口头语言交流成果进行商榷或固化的一种书面形式，在设计策划阶段、设计概念阶段、方案审批阶段都常被用到。

③ 模型和动漫表达。

在方案的研讨和实施阶段，空间模型是理想的专业表达方式。实体模型具有非常直观的空间视觉效果；通过计算机建模可以模拟人在空间中的视点进行游览观看，具有身临其境的体验感。

二、室内装饰设计师报考内容

室内、建筑、园林、展示设计及相关专业人员；欲从事室内装饰设计行业的在校生或从业青年。

室内装饰设计师国家职业资格认证报考条件如下。

（一）国家三级职业资格（高级）（具备下列条件之一者）

（1）大专或高技以上本专业或相关专业应届或往届毕业生。

（2）高中以上学历连续从事本职业工作3年以上。

（二）国家二级职业资格（技师）（具备下列条件之一者）

（1）取得助理室内装饰设计师职业资格证书后，连续从事本职业工作3年以上。

（2）高中以上学历连续从事本职业工作7年以上。

（3）大学本科毕业后连续从事本职业工作5年以上。

（4）硕士研究生毕业连续从事本职业工作2年以上。

（三）国家一级职业资格（高级技师）（具备下列条件之一者）

（1）取得室内装饰设计师职业资格证书后，连续从事本职业工作3年以上，

（2）大学本科毕业后连续从事本职业工作8年以上。

（3）硕士研究生毕业后连续从事本职业工作5年以上。

初、中、高级考核分理论知识和技能操作两个部分；技师，高级技师考核分理论知识和技能操作、综合评审三部分。技能操作部分手绘要求：按照命题要求画出"平面功能设计"、"立面设计"、"透视效果图"、"重点部分结点详图"和"设计说明"。

理论知识和技能操作考核均实行百分制成绩均达到60分及以上者为合格。

三、室内装饰设计师工作要求

（一）室内装饰设计员（国家三级职业资格）工作要求（表1-3-1）

表1-3-1 室内装饰设计员工作要求表

职业功能	工作内容	技能要求	相关知识
一、设计准备	（一）项目功能分析	1. 能够完成项目所在地域的人文环境调研 2. 能够完成设计项目的现场勘测 3. 能够基本掌握业主的构想和要求	1. 民俗历史文化知识 2. 现场勘测知识 3. 建筑、装饰材料和结构知识
	（二）项目设计草案	能够根据设计任务书的要求完成设计草案	1. 设计程序知识 2. 书写表达知识
二、设计表达	（一）方案设计	1. 能够根据功能要求完成平面设计 2. 能够将设计构思绘制成三维空间透视图 3. 能够为用户讲解设计方案	1. 室内制图知识 2. 空间造型知识 3. 手绘透视图方法
	（二）方案深化设计	1. 能够合理选用装修材料，并确定色彩与照明方式 2. 能够进行室内各界面、门窗、家具、灯具、绿化、织物的选型 3. 能够与建筑、结构、设备等相关专业配合协调	1. 装修工艺知识 2. 家具与灯具知识 3. 色彩与照明知识 4. 环境绿化知识
	（三）细部构造设计与施工图绘制	1. 能够完成装修的细部设计 2. 能够按照专业制图规范绘制施工图	1. 装修构造知识 2. 建筑设备知识 3. 施工图绘图知识
三、设计实施	（一）施工技术工作	1. 能够完成材料的选样 2. 能够对施工质量进行有效的检查	1. 材料的品种、规格、质量校验知识 2. 施工规范知识 3. 施工质量标准与检验知识
	（二）竣工技术工作	1. 能够协助项目负责人完成设计项目的竣工验收 2. 能够根据设计变更协助绘制竣工图	1. 验收标准知识 2. 现场实测知识 3. 竣工图绘制知识

（二）室内装饰设计师（国家二级职业资格）工作要求（表1-3-2）

表1-3-2　室内装饰设计师工作要求表

职业功能	工作内容	技能要求	相关知识
一、设计创意	（一）设计构思	能够根据项目的功能要求和空间条件确定设计的主导方向	1．功能分析常识 2．人际沟通常识 3．设计美学知识
	（二）功能定位	能够根据业主的使用要求对项目进行准确	4．空间形态构成知识
	（三）创意草图	能够绘制创意草图	5．手绘表达方法
	（四）设计方案	1．能够完成平面功能分区、交通组织、景观和陈设布置图 2．能够编制整体的设计创意文案	1．方案设计知识 2．设计文案编辑知识
二、设计表达	（一）综合表达	1．能够运用多种媒体全面地表达设计意图 2．能够独立编制系统的设计文件	1．多种媒体表达方法 2．设计意图表现方法 3．室内设计规范与标准知识
	（二）施工图绘制与审核	1．能够完成施工图的绘制与审核 2．能够根据审核中出现的问题提出合理的修改方案	1．室内设计施工图知识 2．施工图审核知识 3．各类装饰构造知识
三、设计实施	（一）设计与施工的指导	能够完成施工现场的设计技术指导	
	（二）竣工与验收	1．能够完成施工项目的竣工验收 2．能够根据设计变更完成施工项目的竣工验收	1．设计施工技术指导知识 2．技术档案管理知识
四、设计管理	设计指导	1．能够指导室内装饰设计员的设计工作 2．能够对室内装饰设计员进行技能培训	专业指导与培训知识

（三）高级室内装饰设计师（国家一级职业资格）工作要求（表1-3-3）

表1-3-3　高级室内装饰设计师工作要求表

职业功能	工作内容	技能要求	相关知识
一、设计定位	设计系统总体规划	1．能够完成大型项目的总体规划设计 2．能够控制复杂项目的全部设计程序	1．总体规划设计知识 2．设计程序知识
二、设计创意	总体构思创意	1．能够提出系统空间形象创意 2．能够提出使用功能调控方案	创意思维与设计方法
三、设计表达	总体规划设计	1．能够运用各类设计手段进行总体规划设计	建筑规范与标准知识
四、设计管理	（一）组织协调	1．能够合理组织相关设计人员完成综合性设计项目	1．管理知识 2．公共关系知识
	（二）设计指导	能够对设计员、设计师的设计工作进	室内设计指导理论知识
	（三）总体技术审核	能够运用技术规范进行各类设计审核	1．专业技术规范知识 2．专业技术审核知识
	（四）设计培训	能够对设计员、设计师进行技能培训	1．教育学的相关知识 2．心理学的相关知识
	（五）监督审查	1．能够完成各等级设计方案可行性的技术审查 2．能够对设计员、设计师所作设计进	1．技术监督知识 2．项目主持人相关知识

（四）理论知识鉴定考评项目比重表（表1-3-4）

表1-3-4　理论知识考核分值比重表

项　目			室内装饰设计员（%）	室内装饰设计师（%）	高级室内装饰设计师（%）
基本要求	职业道德		5	5	5
	基础知识		15	10	10
相关知识	设计准备	项目功能分析	5		
		项目设计草案	15		
	设计创意	设计构思		10	
		功能定位		10	
		创意草图		10	
		设计方案		10	
		总体构思创意			15
	设计定位	设计系统总体规划			10
	设计表达	方案设计	15		
		方案深化设计	10		
	设计表达	细部构造设计与施工图	15		
		综合表达		10	
		施工图绘制与审核		10	
		总体规划设计			10
	设计实施	施工技术工作	10		
		竣工技术工作	10		
		竣工与验收		10	
		设计与施工的指导		10	
	设计管理	组织协调			12
		设计指导		5	10
		总体技术审核			8
		设计培训			10
		监督审查			10
合　计			100	100	100

（五）技能操作考核比重表（表1-3-5）

表1-3-5 技能操作考核分值比重表

项　目			室内装饰设计员（%）	室内装饰设计师（%）	高级室内装饰设计师（%）
技能要求	设计准备	项目功能分析	5		
		项目设计草案	20		
	设计创意	设计构思		10	
		功能定位		10	
		创意草图		10	
		设计方案		10	
		总体构思创意			20
	设计定位	设计系统总体规划			15
	设计表达	方案设计	20		
		方案深化设计	15		
		细部构造设计与施工图	20		
		综合表达		15	
		施工图绘制与审核		15	
		总体规划设计			15
	设计实施	施工技术工作	10		
		竣工技术工作	10		
		竣工与验收		10	
		设计与施工的指导		10	
	设计管理	组织协调			12
		设计指导		10	10
		总体技术审核			8
		设计培训			10
		监督审查			10
合　计			100	100	100

从以上表格内容可以看出，从室内装饰设计员到高级室内装饰设计师的测试内容、侧重点以及分值比重的变化，体现了从基本的、单纯的设计技能向综合性的设计实施、设计管理方向倾斜的过程。

复习和思考题

1. 国家推行室内装饰设计师执业资格证有什么意义和作用？

2. 室内装饰设计师的核心素养是什么？

3. 室内装饰设计员、室内装饰设计师、高级室内装饰设计师的工作要求有哪些相同点？哪些不同点？这三种资格证中理论知识考核鉴定考评项目比重表中的分值分配有什么变化规律？对室内设计行业认知和职业规划有什么启发？

02 第二章

室内设计方法

知识本身并没有告诉人们怎样运用它,运用的方法乃在书本之外。 ——培根

室内设计是一项复杂的系统工程,一方面表现在设计完成过程会受到多方面主观、客观因素的影响和制约:现场条件、设计周期、业主方的定位及审美、设计团队水平、经济条件等;另一方面设计的过程不是由设计师单方面完成的,而是由设计师与业主共同协商和妥协的结果。一般情况下,预设的工作目标常常不是由业主方单独提出来的,大多时候业主提出一个基本概括性的原则和要求,由设计方来梳理完善,从意向、初稿、修改深化到方案的细化,每一个阶段都需要业主方和设计方的充分讨论交流,历经数次调整修改甚至推倒重来直到最后业主方认同

为止(见图2-1-1)。

图 2-1-1 室内设计方案交流

项目设计推进过程中室内设计的复杂性决定了室内设计过程管理的难度,主要体现在设计方和业主方的关注点有所不同(见表2-1-1)。

表 2-1-1 业主和设计师关注点

阶段划分	业主方关注点	设计方关注点
设计准备阶段	设计方的设计经验及实力如何	业主方的需求定位是什么
方案设计阶段	方案中是否有惊喜点 方案功能性是否合理完整 方案形式审美是否满意	业主方的功能要求 业主方的审美趣味 业主方的预算额度 每次交流方案业主的评价如何 业主方的最大关注点在哪里
施工图阶段	方案是否有考虑漏掉的地方 方案是否有待改进的地方 预算是否在计划范围	业主对整个方案是否明白 业主对整个方案是否满意 业主对整个方案有多大信心
施工协作阶段	施工队伍素养如何 施工进度是否正常 施工质量是否满意 工程造价是否严重超预算	施工重难点在哪里 是否按照业主的进度、质量计划推进 变更增项是否在业主计划范围内 业主对最后效果是否满意

第一节 室内设计策略

室内设计策略(Design Strategy)就是根据项目背景中的有利条件、不利条件以及可能存在的风险,同时对比分析自身和市场竞争对手的优势、不足与实施结果,将两者相互对照,综合考虑并制订自身能在竞争中取得胜利的战略;所以室内设计策略是以超越对手、发展自己和赢得客户为目的,以争夺消费者,占有市场为主要内容所展开的一系列全面性的长远的或者短期的应对谋略。

在竞争日趋激烈的市场环境中,一家设计公司或个人工作室被指定来完成某一个项目的机会会越来越少。即使是以被邀标的情况下参与进项目,设计方案也需要结合具体情况制订科学合理的应对办法,提出最具优势的设计方案以求胜出。

室内设计项目一般大体分为两个阶段,一个是招投标阶段,一个是项目实施阶段。设计

策略贯穿项目全过程,就是在第一个阶段如何确保提供的方案策略和投标谈判是有效的,设计标的能被业主方认可;第二个阶段是确保中标后(签订合同正式接受设计任务)设计工作的顺利推进,确保各阶段工作目标明确、进度计划可操作性强,确保设计方案顺利交付。

招投标阶段一般是业主方自编或者邀请第三方编制项目设计任务书,通过相关媒体向社会公开发布招投标信息或者通过邀请 3 家以上设计单位参与投标,召开招标发布会发放招标任务书,业主方负责统一解释任务书内容、陪同设计方踏勘现场以及其他相关事宜。设计方从参与投标或者被邀请投标开始,就应将投标策略提上议事日程,投标阶

段的设计策略显得十分重要;投标小组成员除专业设计人员外,必须还具有市场学、公共关系学、经济学等专业方面的人员参加,因为工作内容包括经济合同、施工成本概算、商务谈判等。设计策划是指设计实践进行之前制订的原则和设计的基本方针以及对实施设计程序进度进行计划,确定设计的条件。

设计策划有如下内容:

接受委托任务书。签订合同,或者根据标书要求参加投标。

拟定具体设计计划。明确设计期限,制订设计进程表和具体实施设计计划的方法步骤。

室内设计策略一般有以下一些内容(见表 2-1-2)。

图 2-1-3 设计策略

设计策略	方案优先	方案兼顾资源	报价优先	适用范围
方案性比	★★★	★★	★	适用于特色方案项目
资源性比	★★	★★★	★★	适用于设计、施工一体化项目
经济性比	★	★	★★★	适用于经济性要求较高项目
综合性比	设计方应该至少在 2 个方面给业主方		以优势印象而胜出	适用于普通项目
备 注	力求设计方案在充分满足业主方功能需求的同时非常新颖独特	方案在满足一定竞争力优势的同时提供方案中材料或施工技术支持,间接使项目施工费用降低	方案在满足一定竞争力优势的同时降低设计费用或者延后设计费用收取时间	

一、方案性策略

一般说来,室内设计目标对于业主方而言是明确的,但很多可能充满感性而不太具体。现实生活中部分属于高端消费型群体的室内设计项目,经济充裕,设计限制条件少,可以给予设计师足够的设计创意自由,也对方案的特色性、空间环境的舒适度等方面提出非常高要求,属于高端定制客户,这种背景下一定是方案为王,方案本身的质量直接决定最后的结果。设计方案无疑起着决定性的作用。强化新的设计概念、新的生活理念或者新的材料工艺设备等优势,即使在大大

超出预算成本的情况下,超凡不俗的设计方案也会有较大机会胜出。

二、资源性策略

一般而言,不少小型项目设计施工一体化招标,家装大多如此。业主方比较倾向于以较少的费用获得合理的设计方案(对设计方案没有强烈的个性化要求),施工优先考虑设计中标者,在这类型项目中,业主方会综合考虑那些没有特别优势但也没有重大瑕疵的设计方案,关注其他方面的可利用优势资源,从而使自己的项目在付出最小的经济代价下得以完

成;例如一些设计公司拥有自己生产或者加盟代理的品牌建筑材料,采用赠送或者折扣的方式给予业主方以优惠,从而降低项目的实施成本,这些已逐渐成为业主方对设计方进行评比的重要因素;所以面对有些项目必须采用资源性策略,在保证方案过关的同时,积极开发利用自身资源优势,包括具有竞争力的材料、施工技术、施工设备、施工管理等资源。

三、经济性策略

经济性策略包括报价策略和支付策略。虽然国家颁布了相关的勘察设计收费标准,但在实际竞价谈判中,业主方总是希望用最少的成本购买自己想要的设计服务,尤其是项目经费有限的情况下更是如此,所以很多招投标实行报价最低者中标的策略。

经济性策略是以设计方案虽没有特别优势但也没有重大瑕疵为前提,不同的设计公司需要根据自身情况、不同的技术水平或者处于不同的发展阶段,进行内部成本核算即核算出完成项目所需要的最低费用;除了设计费用报价采用低价策略外,还包括费用支付方式、支付周期以及后期监理协助、出竣工图等费用计取办法,首付款、中期款、尾款的收取办法等,缓解业主方的资金压力,对于一些存在短期经济压力的业主方而言,经济性策略会在最后竞标谈判阶段使他们往这方倾斜。

另一方面,设计师可以多准备 1~2 套档次高低不同的弹性概算报价方案,当客户对某一方案不满意时,备选方案增加了业主方的选择机会,也增加了自己被选择的机会。

四、综合性策略

综合性策略是在以上比方案、比资源、比报价和支付条件等基础上,集中两个及以上优势条件的综合性投标策略,相比在某一个方面的优势而言,综合性策略对于业主方具有更大的诱惑力,这种综合优势在招标比选中更容易形成综合竞争优势从而脱颖而出。

复习和思考题

1. 室内设计师面对激烈市场竞争有哪些策略?分别在什么情况下使用?

2. 什么是资源性策略?请举例分析说明。

3. 资源性策略和经济性策略有什么相同点和不同点?

第二节 室内设计原则

一、安全性原则

安全性原则包括结构安全、施工技术安全、荷载安全和材料安全等。在室内设计中,设计师必须搞清楚项目建筑的结构构造,涉及打拆改动墙体、地板、墙柱等内容时,绝对不能因为空间功能的需要或者业主方的强烈要求而盲从,这样可能会因为自己的不负责任造成非常严重的后果。

设计师正确的工作方法如下:首先要求业主方提供建筑原始结构图,根据图纸进行现场踏勘,确定建筑承重墙、混合承重墙、梁、柱等关键性结构构件,特别是一些砖混结构体的老房子翻新装修,有的业主要求随意打拆墙体、扩大门窗面积,或为了把阳台纳入室内打掉室内和阳台之间的配重墙等,这些都需要针对建筑原始设计图进行结构荷载计算,避免影响整栋建筑的稳固性和抗震性;即使是不承重的隔墙,也得仔细查证建筑原始结构图,征得物业管理人员同意后方可纳入设计,因为这些墙体同样对建筑的整体性起到拉接作用；其次不得随意增加荷载，如屋顶采用混凝土搭建、局部修建深水池、高大假山、集中堆放石材等，时刻都需要考虑计算荷载量，将荷载量控制在建筑的结构安全范围内。

随着自然灾害的增多，家具陈设的加固和安放等结构与技术安全也应得到充分关注。根据日本建筑学会"阪神淡路大地震住宅内部被害调查报告书"中的数据显示，有 46% 的人身伤害由家具的翻倒、家具中物品的跌落等造成，所以根据家具在地震现场中的散落情况，在家具的防震设计中需要解决三个问题：（1）家具翻倒；（2）家具中储藏物品飞出、移位；（3）家具移位。家具的防震加固可以减少或避免地震、人为外力带来的财产损失。材料安全方面，应根据防火、防滑、防腐等功能要求选择具有生产合格证、有毒有害物质排放量符合国家标准的装饰材料。

二、功能性原则

两千多年前，罗马建筑师维特鲁威提出了建筑的三原则：坚固、实用、美观，其中"实用"就是指建筑的功能性。"功能"是室内设计的基本目的，能满足业主各方面实实在在的物质需求。建筑艺术大师柯布西耶在 1923 年现代主义建筑宣言——《走向新建筑》中提出"住房是居住的机器"，十九世纪 80～90 年代芝加哥学派建筑师沙利文提出了"形式追随功能"（Form Follows Function）的观点，这些都是功能论者的标志性口号。新功能的实现需要新材料、新技术、新工艺、新设新施设备等的综合运用，如科技性功能材料是指为提高室内空间环境的舒适程度而使用的具有相关物理指标的材料，主要有光学材料、声学材料、热工材料、辐射环境等，能使功能更好地实现，如采光和照明设计、

通风换气、地面墙面吸声、保温等物理性能。

用发展的视角来看室内设计的功能，近年来随着科技的高速发展和物质生活水平的不断提高，智能化、信息化、定制化等在居家空间和公共空间中的运用变得越来越广泛，强弱电管道在后期升级改造中会变得越来越多，需要一次性规划到位，比如现代家电设备的功率越来越大，用电量当然也会增加，预留好未来改造可能需要的容量或线路、备用插座等，也是室内功能设计前瞻性的一部分。

三、审美性原则

形式追随功能，功能第一，形式第二。功能必须通过形式这个载体表现出来，即通过具体的形象、合理的形式表现出来，二者间存在一种辩证式的相互关系，功能与形式的统一构成了人造物功能美的基本范畴，即形状、尺度、材质等实体内容在形式审美上的统一，在中国传统文化中合理的功能形式也是一个善的形式。

室内空间在满足人们丰富多样功能需求的同时，也需要满足审美性原则，简单概括为和形式美和意境美相关的两个主要方面：内部或外部形态的统一，形式和意境的统一。一个良好的建筑形式首先应该是符合建筑形式美的基本规律，即形式美创作法则，尽管每个建筑物在外观造型上有很大的差别，但凡是优秀作品都有共同的形式美原则，即在变化中求统一、在统一中求变化，正确处理主与从、比例与尺度、均衡与稳定、节奏与韵律、对比与协调之间的关系；其次建筑审美性原则不单纯是一个美观的问题，同其他造型艺术一样，涉及文化传统、民族风格、社会思想意识等多方面的因素，需要依赖自身艺术形象来传承文化精神、思想情感，这就是意境美，即表现空间的特定性格，使空间具有一定气氛、情调、神韵、气势的主题

（见图 2-2-1、图 2-2-2、图 2-2-3）。

图 2-2-1　巴伐利亚风格的啤酒坊

图 2-2-2　装饰与陈设

图 2-2-3　工业风格咖啡馆

四、经济性原则

经济性原则就是设计师根据业主方所提供的任务书、充分满足业主方需求、保证设计方案的合理性的基础上确保项目完成费用被控制在合理区间内。

作为一项经济建设活动，室内设计师除了掌握必要的室内设计艺术素养外，还应该学习和了解现代建筑装修的技术与工艺等知识；充分了解熟悉室内设计与建筑装饰有关法律法规，涉及技术、经济、管理、法规等领域如工程项目管理法、合同法、招投标法以及消防、卫生防疫、环保、工程监理、设计定额等相关规定。

从宏观上讲，室内设计应从整体上关注环境保护、生态平衡与资源循环利用等思想，确立人与自然环境和谐共存的"天人合一"设计理念；中观方面，现代室内设计需要关注当代最前沿的新技术、新材料、新设备、新工艺在项目中的应用，与结构构造、设备材料、施工工艺等紧密结合；微观方面，室内装饰设计师需要了解材料价格、劳动力成本市场，关注节能、节材、节力措施，这关系到材料、施工工艺技术的选择性利用，确保建设费用以及建成交付使用成本费用经济实惠。

五、创新性原则

室内设计在中国经过了短短几十年的发展，得力于改革开放几十年我国伴随着房地产行业的迅猛发展所积累的大量实践和不断创新，在尝试了"世界村"各种风格演变后开始呈现出多元化、复合化态势，未来的中国室内设计将向着人性化、智能化、绿色环保、民族化等方向蓬勃发展（见图 2-2-4）。创新是室内行业和产业不断发展进步的原动力，室内设计从满足基本功能、经济型向个性化定制、舒适改善型方向发展。

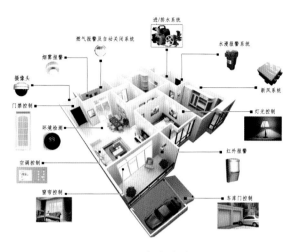

图 2-2-4 智能化家居

在设计理念上创新，坚持人性化和绿色设计理念，以人和人、人与物的和谐共存为核心，在满足功能性和实用性的同时，满足舒适、卫生、美观、安全等需求，才能真正抓住室内设计的意义，实现人文、社会和环境效益的统一。可持续发展的绿色设计理念是从人类自身利益出发，有效地利用自然、回归自然，减少污染，保护环境。

在设计手法上创新，室内设计领域新的交互设计软件的不断涌现使设计智能化、科技化水平越来越高，有助于实现最佳声、光、色、形的配置效果，创造出令世人惊叹的室内空间环境，满足人们物质和精神生活需要。

复习和思考题

1. 室内设计的设计原则有哪些？举例说明。

2. "功能第一，形式第二"中包含了那些室内设计原则？举例说明。

3. 安全性原则在室内设计中有哪些具体体现？举例说明。

4. 审美性原则包括哪些内容？举例说明。

第三节　室内设计思维与功能分析方法

室内设计图形思维实际上是一个从空间抽象思维到图解分析思考的过程。

一、气泡图

气泡图常用于建筑设计中分析建筑内部功能及其流线关系的重要图解手段（见图 2-3-1）。作为一种对抽象思维的文字结合图形表达，同样可以运用在室内设计前期概念设计和初步方案设计阶段，特别是当面积规模较大的时候，运用气泡图有助于对整个平面功能组织结构的分析，或者组织内部不同空间或空间之间的内在逻辑关系。作为一种室内设计方法，气泡图实际上是功能空间的组织逻辑论证和设计思维在图形上的推演，其作用是从整体上划分功能区和明确交通流线，同时可以有效避免在设计初期就走得过细，在设计的概念阶段就被具体细节所束缚；圆圈的界限仅表示使用面积的大致界限和用途，并不表示特定物质或者物体的精确边界，所以气泡图在室内设计初步阶段有助于深化概念，是一种将复杂问题简单化的有效表达方式（见图 2-3-2）。格兰特.W.里德在《从概念到形式》中提到，在设计概念形成后，从整体上把握各个功能（结构单元）之间的面积大小、功能关系、结构体系等，画面用两个字概括就是"大概"，有助于梳理分析各个功能区的相互关系。功能组织图的绘制可为设计方案深化提供空间组织的依据，并且在方案形成后检验方案是否合理（见图 2-3-3）。

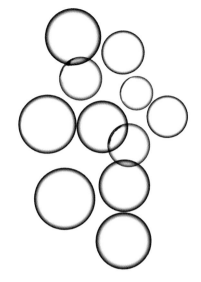

图 2-3-1 大小与边界

气泡图画法很简单,气泡就是根据面积大小画一些大小不同的圆圈,圆圈里面写上字,每个气泡代表一个功能分区,把关系最密切的功能画在靠近的位置,然后用短线根据流线关系将各个功能分区组织连接在一起,并以粗细线区分它们之间联系的紧密程度,使内部功能关系清晰直观地表达出来;以一个餐饮空间为例,从入口分为门厅、前台、休息等候区,就餐区分为大厅、散座区、包间,厨房加工区分为储存区、生加工、熟加工等,人流路线包括消费者进出线、送餐人员进出线等这些线路如何把这些空间组织串联起来,然后梳理哪些空间关系紧密,哪些空间有序列关系要前后放置等等,逻辑清晰,简单明了(见图 2-3-4、图 2-3-5)。

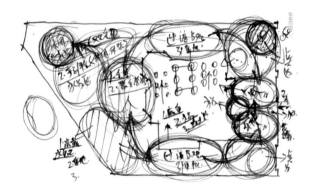

图 2-3-2 气泡分析图

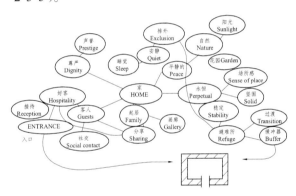

图 2-3-4 功能组织关联性

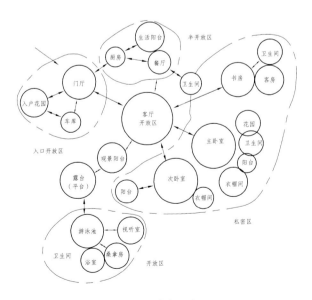

图 2-3-3 功能组织图

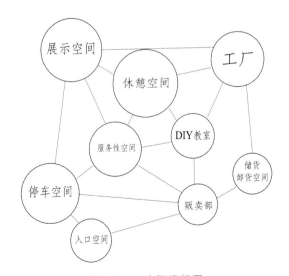

图 2-3-5 功能组织图

二、正负形图

正负形图（Negative Space）常用在平面设计中，是由原来的图底关系（Figure-grund）转变而来，早在1915年就以卢宾（Rubin）的名字来命名，所以又称为卢宾反转图形。平面正负形是一种艺术图案，通过黑白、虚实、阴阳等手法表现双重的图形意象与错综的图底反转关系，使人产生图和图底相互转换的两种图像幻觉，有助于分析空间的松紧张弛关系，这就是平面正负形的魅力，正负形设计手法如今被广泛用于平面设计、建筑设计、室内设计、园林景观设计等诸多领域，比较经典的代表就是中国古代的太极图和卢宾杯（Rubin）（见图2-3-6、图2-3-7）。

图 2-3-6　太极图案　　　图 2-3-7　卢宾杯

正负形和空间虚实是相辅相成、互不可分的。在室内设计平面功能布置图中，家具陈设等物体会占据一定的平面空间位置，其体积具有了空间的含义，这些被占用空间的地方在平面投影图上就会出现形象轮廓，这一部分就构成实的部分，我们将这一部分称为正形，也称为图；图的四周就是没有被占用的平面而成为虚空"空白"（空间），我们将这一部分称为负形，也称为底；在这种图与底的正负关系中，正形与负形相互互补、相互借用和相互排斥，显示出一种抗衡与矛盾，体现出正形是家具陈设等物体（实体）部分对空间的围合和限定，负形代表空间连接和动线组织关系。平面图中正形与负形的节奏韵律同样反映出室内空间设计中的大小多少、轻重缓急、紧密疏松。

一般意义上正形是坚实牢固和积极向前的，而负形则是空灵虚无消极后退的。体现在室内设计中，初学者或者经验不足的设计师往往注重于"实"的功能布置而忽略了空间"虚空"部分的组织连接融合，如同绘画专注于正形的刻画而忽略了负形的存在和影响。在一件成功的作品中，负形也起着至关重要的作用，同样在一个成功的室内设计方案中，平面布局图的正负形也会给人在视觉上以美感和享受；所以设计初期可以用正负形图来检视室内设计中空间面积的利用指数，同时体验空间的张弛情绪（见图2-3-8、图2-3-9、图2-3-10）。

图 2-3-8　正负形

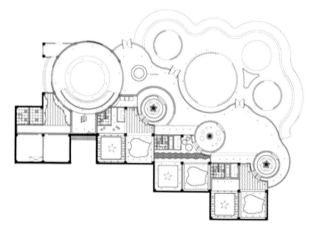

图 2-3-9　建筑与场地的分割 2

图 2-3-10 商业综合体平面图正负形分析

三、黑白灰分析图

在绘画中，黑白灰关系、空间关系、主次关系共同组成了素描作品的三大关系：黑白灰就是画面的整体调子关系，是组成画面形体基本关系的造型元素，一幅素描除构图完整、造型准确外，明暗自然、主体突出、整体关系完整、有艺术感染力等都离不开黑白灰的表现，所以在美术创作过程中，黑白灰是用来对画面层次节奏归纳概括的一种方式（见图 2-3-11、图 2-3-12）。

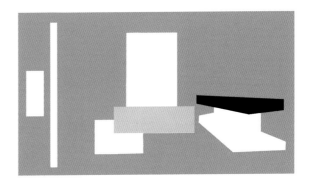

图 2-3-12 黑白灰分析图（图 2-3-11）

黑白灰给室内设计带来很多启发。如果我们将功能明确区域指定为黑，没有功能的区域指定为白，那么功能模糊区域（既能作为 A 功能使用也可以用作 B 功能使用）就是灰，灰色作为黑白的过渡色，在非黑非白之间存在着无穷层次的"灰色"。这使得空间之间过渡柔和交融，使用恰当的灰空间能带给人们以愉悦的心理感受，使人们在从"绝对空间"进入到"灰空间"时可以感受到空间的转变，感受到在"绝对空间"中感受不到的心灵与空间的对话。

图 2-3-11 色彩效果图

灰空间也称泛空间，来源于日本建筑师黑川纪章的共生思想，是其追求内部与外部共生的具体表现，如柱廊、电梯厅、入口大厅、檐下等。一般可以理解为半室内半室外、半封闭半开敞、半私密半公共的中介空间，灰空间在一定程度上消减了建筑内外部的界限，使室内外成为一个自然有机的整体。

"灰空间"就是空间与空间的中介，或者说是内容与功能不同的空间之间的过渡。由于它的似是而非，模棱两可，不同于界面清晰、功能明确的肯定空间，冲破了空间的明确制约而存在一种混沌模糊性，因为灰空间常因其暧昧性和多义性而受到人们的喜爱，现代绘画和现代室内设计都非常热衷于使用灰空间。在室内设计中灰空间的主要作用有以下几个。

（1）用"灰空间"来增加空间层次，协调不同功能的建筑单体，使其完美统一（见

图 2-3-13）。

图 2-3-13　黑白灰

（2）用"灰空间"来界定、改变空间的比例。

（3）用"灰空间"弥补建筑户型设计的不足，丰富室内空间。

所以在室内设计中黑白灰手法的运用，是利用平面设计手法在研究空间功能的丰富多样性及其关系方面的应用（见图2-3-14、图2-3-15）。

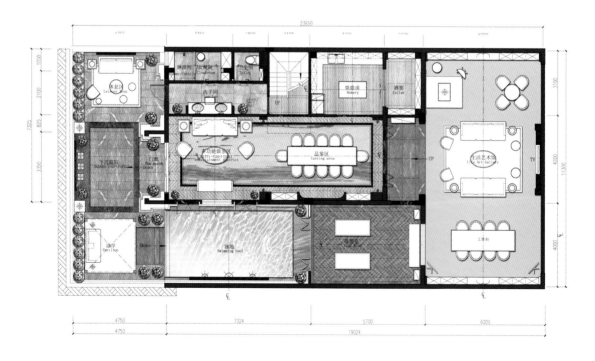

图 2-3-14　平面布置图

彩的知觉和心理反应出发，用科学分析的方法，把复杂的色彩现象还原为基本要素，利用色彩在空间、量与质上的可变幻性，按照一定的规律去组合各功能空间之间的相互关系，再创造出新的色彩效果的过程。色彩构成是艺术设计学科空间构成的基础课程之一，与空间、形体、位置、面积、比例、肌理等紧密联系（见图 2-3-16、图 2-3-17）。

图 2-3-15 平面功能分析

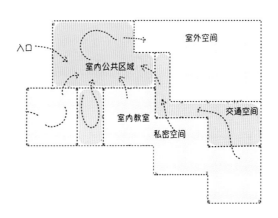

图 2-3-16 彩色分析图（1）

四、彩色分析图

同黑白灰图相反，彩色图分析是从人对色

图 2-3-17 彩色分析图（2）

彩色分析图有助于利用色彩冷暖、明度、纯度变化分析空间属性如热闹、静谧，干湿分区、人群密度、冷暖、干湿、静噪等，分析其局部与局部、局部与整体之间长度、面积大小的比例关系。而利用色彩推移则是将色彩按照一定规律有秩序进行排列、组合的一种作品形式，具体有色相推移、明度推移、纯度推移、互补推移、综合推移等，其特点是具有强烈的明亮感和闪光感，浓厚的现代感和装饰性，以此表现空间的属性关系特点（见图 2-3-18、图 2-3-19）。

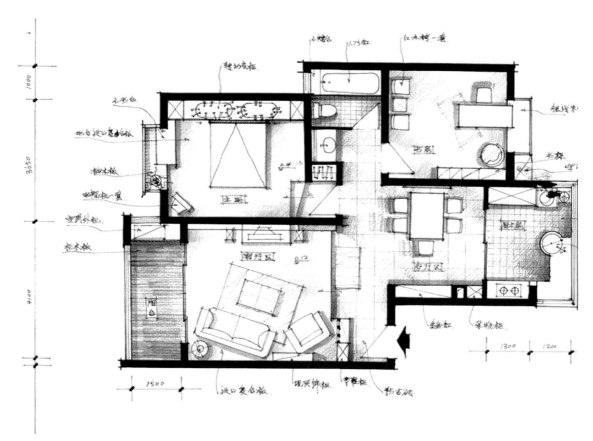

图 2-3-18　彩色平面

图 2-3-19　彩色平面

复习和思考题

1. 什么是图解思维？图解思维有什么特点？

2. 一般有哪些图解思维方法？请举例说明其特征和作用。

3. 你喜欢哪种图解表现方法？简述理由。

第四节　室内设计程序

一、室内设计一般程序

耶鲁大学的前校长理查德·莱文曾经说过一句话：如果一个学生从耶鲁大学毕业之后居然掌握了某种很专业的知识和技能，那是耶鲁大学的失败。学习的能力，不仅仅包括阅读，还有更加宽容地了解世界、发现问题、解决问题的方法。

在室内设计过程中,按时间的先后安排设计步骤的方法称为设计程序。

作为初学者或者设计经验不足的设计师,面对一项室内设计任务时往往会感到茫然不知所措,不知道"从何下手",先做什么,做到什么程度,再做什么等等,因为不知如何控制设计重点、进度、质量等关键节点,设计项目失败了或者成功了都不知道其中原因,这是很普遍的现象。室内设计由于不同的项目背景、不同的业主关系、不同的时间周期和质量要求,室内设计的工作程序也千差万别。但室内设计作为一种商业行为是具有一定风险的,同时也有一定的市场规律性。设计程序就是提供一套通用的规则和方法,有利于参与项目各方之间的配合和协作,确保室内设计进程和结果得到一定程度的控制和管理,抓住设计过程中的关键节点,达到事半功倍的效果,这也可以说是学习室内设计的"捷径",同时避免在设计环节少走弯路甚至失控。

室内设计程序根据设计工作节点大致可分为设计准备阶段、设计方案阶段和施工协作阶段三个大的阶段,每一个阶段有可以细分为多个内容(见图 2-4-1)。

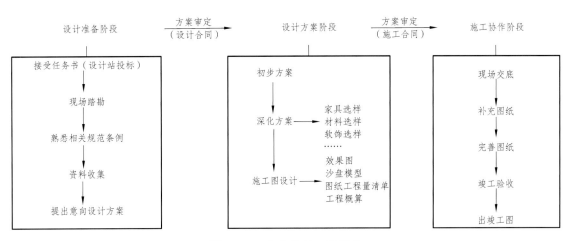

图 2-4-1　室内设计一般程序

(一)设计准备阶段

设计准备阶段是指在设计正式开启之前业主方和设计方之间围绕项目而展开的工作接触,也是一个非常重要的前期磨合过程。一般包括接受任务书、现场踏勘、收集资料、提出意向方案、同业主交流、签订设计合同等几个环节。一方面设计方可以了解项目业主方的基本情况,包括业主方的项目定位、诚意度和投资实力等信息,同时通过意向方案向业主方初步展示自己的设计实力;另一方面业主方也可以通过这个阶段了解设计方的综合设计能力和项目管理水平。

在设计准备阶段,如果意向方案没有获得业主方的认可,或者允许设计方进行一次补充完善的情况下方案依旧没有获得业主方的认可,这个项目即告终止。按规定一般设计招标都设有未中标补偿金;邀请招标要对所有未中标的给予补偿,公开招标可以确定对一定数量的投标人进行补偿。补偿金额根据设计量及难易程度而定,比例一般为设计费的 1%~5%,也可根据设计单位名次设定不同的补偿标准,但前提是投标设计方案必须达到设计招标文件要求。业主方、中标人全部使用或部分使用未中标方案的,应当征得投标人的同意并付给使用费。

1. 设计调研

这一阶段以优化设计为目的,对设计各个方面进行考察,熟悉设计有关的规范和定额标准,明确设计任务和具体要求。

2. 现场调研

包括对经济环境、自然地理环境、社会文化环境、政治环境以及场地环境五个方面的调研。

3. 使用者调研

甄别使用对象,有时业主不是真正的使用者或者仅代表一部分使用者。

4. 专业人员调研

使用者的职业、特点、爱好等。

5. 设计依据调研

包括功能要求、生理要求、空间要求、安全要求、知觉要求、社交要求。

6. 资料整理分析和设计预测

这一阶段需要对收集的资料、文件和信息进行分析,熟悉设计的有关规范,对项目性质、现实状态和远期遇见等进行现场分析,场地勘测。

7. 专案管理

签订合同,设计进度安排,与业主商议确定设计费用等。

设计准备阶段具体程序为:接受设计任务书或招投标信息→现场踏勘、咨询细节→设计策略→设计意向方案→提交意向方案或投标文件→答疑→通过或者未通过意向方案。

（二）方案设计阶段

意向方案获得业主方认可或者招投标中标后,设计项目进入全面正式启动阶段。在前期工作成果的基础上,进一步确认设计理念和平面功能布局分析,依次完成初步方案、深入细化方案和施工图设计、效果图和模型制作,且每一个环节的工作都必须是在上一个阶段工作成果得到业主方签字认可的基础上进行。方案设计阶段最后完成的施工图图纸内容包括设计说明、地平面图、天棚图、立面图(含展开图)、剖面图、节点构造图、大样图等,其他包括效果图、装饰材料实样、项目模型与工程概算。

方案设计阶段具体程序为:签订合同→初步方案→深化方案→施工图设计→效果图和模型制作→工程量清单→工程预算。

（三）施工协作阶段

施工协作阶段,也就是工程施工阶段,设计人员向施工单位进行施工图设计说明和技术交底,然后按图纸检验施工现场实况,有时候要配合施工现场做必要的局部修改或图纸补充;施工结束时会同业主方、质检部门、监理单位、施工单位进行工程竣工验收,根据合同提交竣工图纸。

施工协作阶段具体程序为:现场交底→施工协调、图纸变更→竣工验收→竣工图。

设计人员向施工单位进行设计意图说明、图纸的技术交底;然后按图纸检验施工现场实况,有时要作出必要的局部修改或补充。施工结束时,会同质检部门和委托单位进行工程验收。设计人员在各阶段都需协调好与甲方、施工单位的相互关系,以取得沟通、施工、材料、设备(风、水、电等设备部门)等各方面的衔接;重视与原建筑物建筑设计之间的衔接,以期获得理想的设计效果。

二、居家空间设计一般程序

家装业主一般由公司市场部引入、电话营

销、网络联系、老客户介绍、业主自己找公司等几种渠道发展而来,业主同设计师的第一次见面多在公司或者业主房子现场进行,也可以在设计师工作室或者茶楼进行。第一次交流非常重要,面对面的直觉在很大程度上决定了后面具体设计工作能否顺利开展,所以设计师非

常有必要做足见面前的功课,比如通过市场专员引入的业主,对业主基本有一定的了解,如业主的家庭成员、教育工作背景、风格喜好等,另外自己的形象包装也可以为自己交流加分。居家空间设计的一般程序见图 2-4-2。

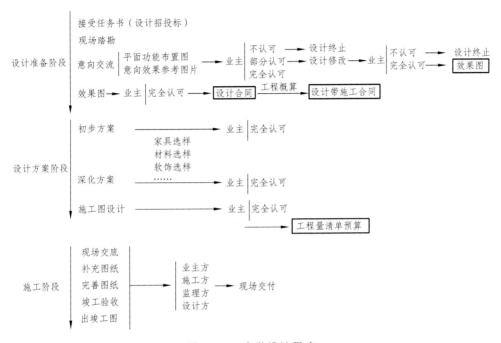

图 2-4-2　家装设计程序

（一）设计准备阶段

如果把第一次见面选择在公司进行,对设计师而言是比较有优势的:公司的形象展示、成功案例欣赏、样板房及材料展厅、众多业主和设计师的交谈场景等都可能增加业主对公司设计师的签单信心;同时设计师在正式同客户面对面交流的时候,可以熟练使用常用的一些话术以打动客户。如果见面地点选择在项目现场,就没有那么好的氛围和效果。一个经验丰富的成熟设计师可以仅通过第一次面对面交流(无论是在公司还是在设计现场)就可以用实力打动客户,让业主通过第六感相信设计师对项目的驾驭能力,从而顺利提交设计定金。普通的设计师一般需要 2~3 次的方案交

流,在很多情况下,设计师也希望业主能真实直观感受到"家"的样子,在这个阶段可通过免费提前推出效果图,以效果图来诱惑业主下单,在大致确定概算报价后,仓促签订合同。

设计准备阶段的主要的工作程序是:听取业主方需求→索取原始户型图→现场踏勘核实→设计意向方案→业主认可→交设计定金→签订设计合同(或者直接进入方案设计阶段)。

（二）设计阶段

1. 初步方案

初步设计主要是通过草图或者近似的效果图、实景图片进行展示交流,表达设计意向见。

内容主要涉及平面功能布局、装饰风格等整体层面的内容，可不涉及细节尺寸、材质；图纸内容包括原始的平面图、打拆新增墙体平面图、平面功能布局图、顶平面图等；为了工作的稳妥推进，一般在初步方案阶段做 3 套以上的平面功能布局比较好，一套方案主推出现问题的时候，备用方案使可以用上（见图 2-4-3 ~ 图 2-4-10），这些方案应当各有特色，并且在理念上可以适当拉开距离；当主推方案交流顺利时备用方案自然就不用了，这样能保证每次同业主交流后设计工作能取得实质性的进展（见表 2-4-1）。

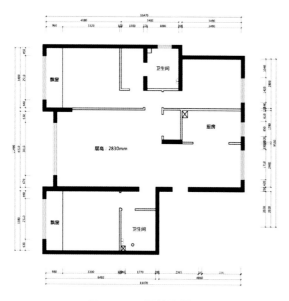

图 2-4-3　原始平面图

图 2-4-4　平面功能布局 1

图 2-4-5　平面功能布局 2

图 2-4-6　平面功能布局 3

图 2-4-7　平面功能布局 4

图 2-4-8 平面功能布局 5

图 2-4-9 平面功能布局 6

图 2-4-10 平面功能布局 7

表 2-4-1 设计程序过程

	业主方方案评价	设计方解决办法
方案设计全过程	方案完全认可，无异议	按原进度计划推进方案
	方案大部分认可	大致参照原定计划推进方案局部调整完善方案
	方案大部分不认可	在方案认可部分基础上调整设计思路调整进度计划
	方案完全不认可	考虑调整设计团队变换设计思路重新拟定进度计划

初步方案阶段多用草图表现。草图绘制能力是室内装饰设计师必备的能力，可利用草图随时记录下头脑中的构思灵感，快捷形象地把创意表现出来；在面对面交流时候，手绘草图可以方便及时地同业主讨论交流，这样更容易赢得客户的尊重和信赖。初步方案设计阶段主要是探索功能空间之间的组织关系，是对空间平面布局可能性的分析与抉择，在很大程度上依据并影响业主对空间的使用逻辑，包括动静、干湿、大小多少及其连接方式。

2. 深化方案

深化方案是在初步方案草图或者 CAD 制图基础上进行的丰富完善；对初步方案中所涉及的图纸完善尺寸、材质、细部造型等内容，同时完善图纸类型包括所有的平面图、立面图、剖面图、透视图等，内容包括装饰造型设计、照明设计、各界面装饰、软饰陈设等。

图纸内容包括：全部地平面图、全部顶平面图、重要的立面图（含展开图）、灯具及电气设备定位图等（见图 2-4-11、图 2-4-12、图 2-4-13、图 2-4-14、图 2-4-15）。

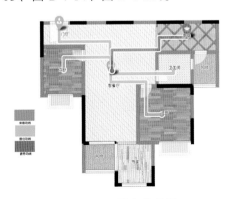

图 2-4-11 彩色分析图

图 2-4-12 深化设计

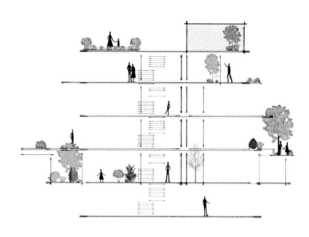

图 2-4-13 采光通风分析

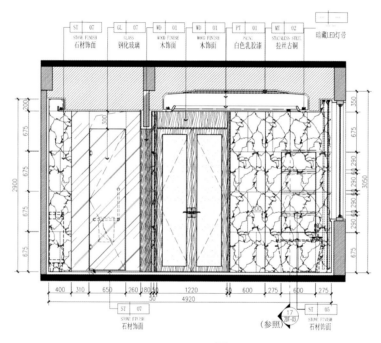

图 2-4-14 立面图

图 2-4-15 效果图

3. 施工图设计

深化方案交流获得业主认可后，开始施工图的设计制作工作，施工图设计制作的主要目的是固化设计方案，按照建设工程国家标准进行规范制图，其主要用途是指导施工。要求图纸完整，制作规范，尺寸精确（必要时可以再一次深入现场对尺寸进行详细核实），对所有施工细节、结构构造做到内容无遗漏，标注齐全精准，保证预算员能根据图纸进行造价预算或进行施工招投标，保证施工人员能照图施工；根据施工图进行详细准确预算后同业主进行谈判，一致后签订施工合同。

图纸内容包括设计说明、图纸目录、全部地平面图、全部顶平面图、立面图（含展开图）、灯具及电气设备定位图、节点构造图、大样图等全套图纸（见图 2-4-16～图 2-4-19）。

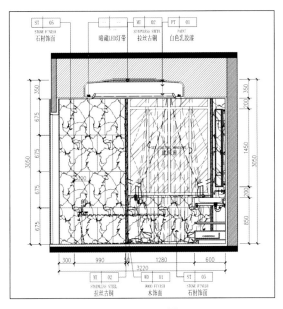

图 2-4-16　立 面 图

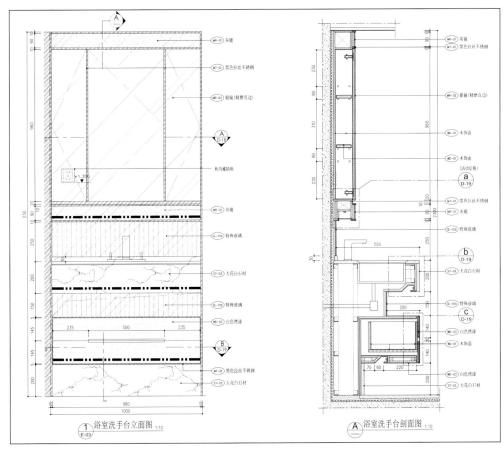

图 2-4-17　立 面 图

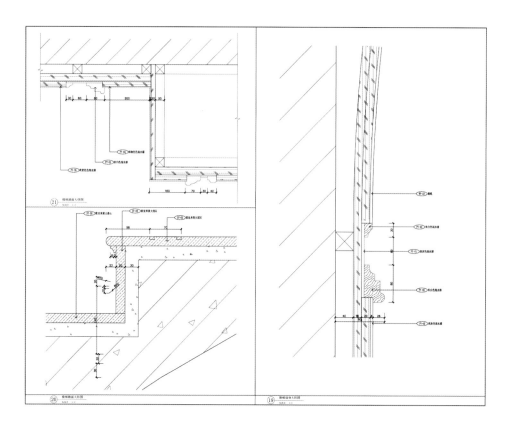

图 2-4-18　楼梯栏杆扶手节点图

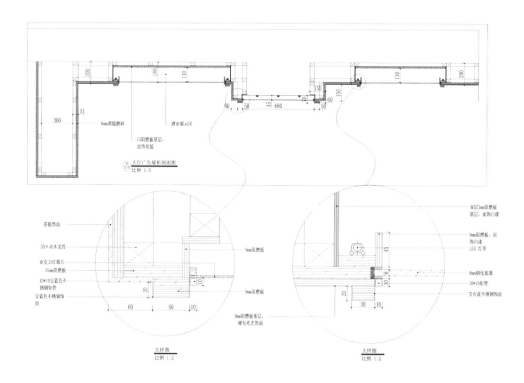

图 2-4-19　节 点 详 图 副 本

（三）施工协作阶段

1. 合同

家装施工一般依旧由设计公司完成。施工图制作的越完整越精细，预算就越不容易出现大的误差，以此签订的合同在实施过程中方案和工程量都不会出现大的出入；如果施工图与现场尺寸或其他情况出入太大，造成后期费用增项、变更太多，这样签订的合同在执行过程中一定会出很多问题，设计师自身原因造成的问题应由设计师自己为失误或疏漏买单。

2. 现场交底

施工协作阶段作为设计师的一个关键的工作就是向施工单位施工人员进行施工图设计说明和现场技术交底，指导施工放线，说明结构构造等细节，并现场解答施工人员不清楚的问题。

3. 图纸变更

因为现场情况或者业主要求做必要的局部修改，设计人员必须进行图纸变更补充，并在业主方、设计师签字认可后交施工人员进行施工，同时附工程量变更清单及预算清单。

4. 竣工验收

施工完成后施工单位自检合格后，设计人员会同业主方、质检部门、监理单位、施工单位人员进行工程竣工验收，根据合同约定提交竣工图纸（见图 2-4-20）。

图 2-4-20　现场交底

三、公共空间设计一般程序

同家装项目来源可能有所不同，公共空间设计项目一般规模大，设备实施线路多，资金投入大，设计规范要求更高，操作程序也就更复杂。公装项目来源一般有公司市场部引入、客户介绍、网络联系、邀标、公开招投标等几种渠道；在公司获得公装项目相关信息后，根据设计进程一般可分为 4 个阶段：设计准备阶段、方案设计阶段、施工图设计阶段和施工协作阶段（见图 2-4-21）。

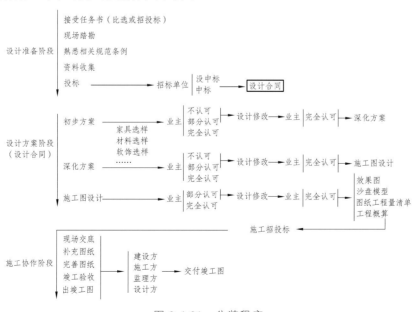

图 2-4-21　公装程序

（一）设计准备阶段

设计的准备阶段，以邀标或招投标项目为例，设计前的调研准备工作对设计者来说是十分重要的。

设计的准备阶段主要包括：

（1）甄别项目信息。

项目条件、业主方背景、招标条件、标的内容及要求、自身优势及不足等，通过分析确定参加该项目的必要性，拟定设计策略，接受委托任务书或报名参加投标。

（2）与业主接洽。

根据任务书和招标文件进行现场踏勘，就不清楚、不明白的内容进行咨询，全面系统地了解和掌握业主的总体设想和需求。

（3）组建设计团队，明确设计任务、目标，制订设计计划。

（4）根据项目属性查阅资料和熟悉国家相关规定，进行项目概念设计，确定项目方案思路与主题定位，在此基础上完成意向方案及概算报价。

（5）投标答疑。

向招投标机构递交投标文件，并根据招标方的要求进行答辩说明。

（二）方案设计阶段

1. 签订合同

中标后业主方和设计方洽商合同内容并签订合同，明确设计进度计划、明确设计内容、设计进度、设计深度及数量质量要求。

2. 初步方案设计

初步设计阶段是在意向方案基础上确定方案构思的阶段，包括进一步收集材料、分析资料、完善构思立意，此阶段从整体出发，对功能形态进行大致细化，并提供相关的设计文件：各地平面功能布置图（一般可准备两个方案）、顶平面图、重要立面图（含展开）等。表现方式可以是手绘也可以是电脑制图。

3. 深化方案设计

在业主方对初步方案进行确认后的基础上利用 CAD 制图软件进行丰富完善，对初步方案中所涉及的图纸完善尺寸、材质、细部造型等内容，同时完善图纸类型包括全部地平面图、全部顶平面图、重要的立面图（含展开图）、灯具及电气设备定位图等，内容包括装饰造型设计、照明设计、各界面装饰、软饰陈设、实物材料样板图等，根据深化方案图纸进行效果图制作和模型制作（见图 2-4-22 ~ 图 2-4-28）。

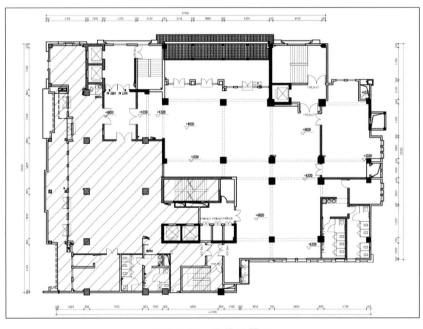

图 2-4-22　原始平面图

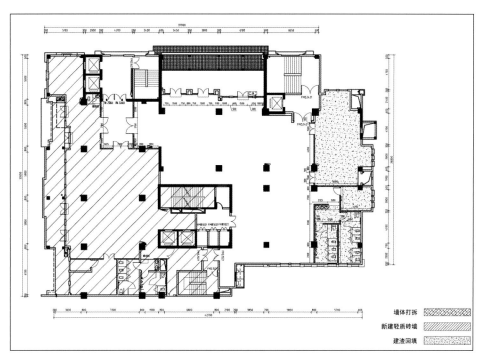

图 2-4-23　墙体打拆尺寸

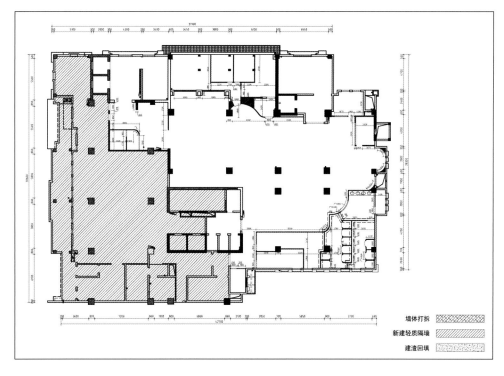

图 2-4-24　墙体新建尺寸图

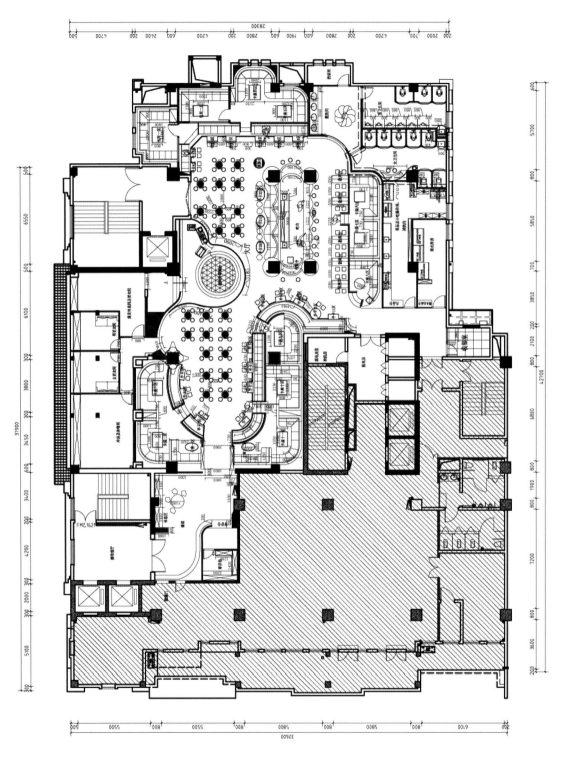

图 2-4-25　酒吧平面功能布局图

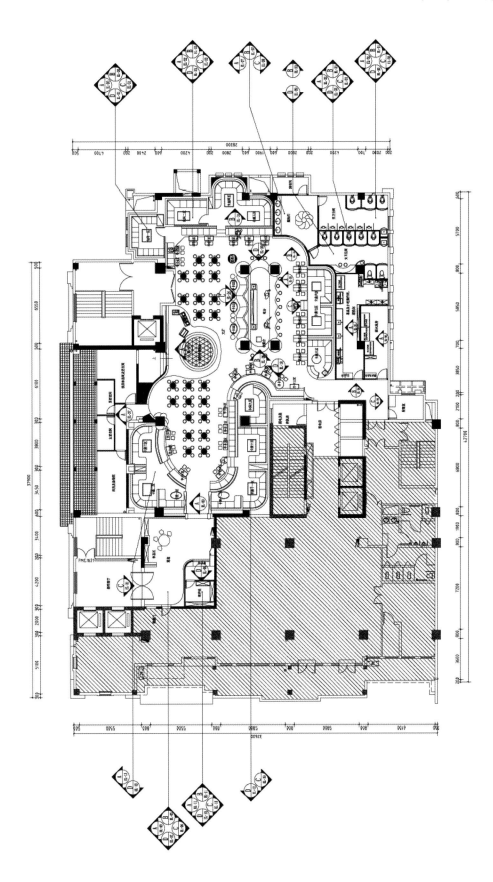

图 2-4-26　酒吧平面索引图

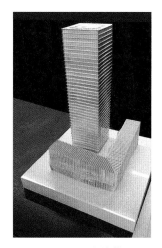

图 2-4-27　建筑模型

图 2-4-28　模型

4. 施工图设计阶段

（1）以深化设计图纸为基础的效果图得到业主方确认后，即可进行施工图设计。

（2）根据国家工程制图标准，完善深化方案设计图纸，要求目录清晰，图纸完整，尺寸精确，图例统一，索引规范。图纸内容包括施工图设计说明、图纸目录、全部地平面图、全部顶平面图、立面图（含展开图）、灯具及电气设备定位图、设备管线图、节点构造图、大样图等全套图纸节点构造图、大样图等。

（3）编制具体详细的设计说明和工程量清单预算。

5. 施工协作阶段

（1）配合招投标。

配合甲方招投标：负责对施工图纸设进行解读说明。

（2）现场交底。

项目开工时负责向施工单位及施工人员进行施工图设计说明、现场技术交底和提出施工要求，并现场解答施工人员对设计图纸不清楚的地方。

（3）图纸变更。

因为现场情况变化或者按照业主要求对图纸进行必要的修改，并在业主方、现场监理方、设计方签字确认后交施工人员进行施工。

（4）竣工验收。

施工单位自检合格后，协同业主方、质检部门、监理单位、施工单位人员进行工程竣工验收，签署验收意见，根据合同约定提交竣工图纸。

复习和思考题

1. 室内设计的一般程序包括哪些环节？

2. 居家空间设计与公共空间设计在程序上有哪些相同点和不同点？

3. 你认为居家空间设计程序中最重要的环节是什么？为什么？

4. 你认为公共空间设计程序中最重要的环节是什么？为什么？

5. 实践训练第四章项目实训中居家空间室内设计任务书中的内容。

6. 实践训练第四章项目实训中公共空间室内设计任务书中的内容。

7. 分小组按照室内设计程序进行演示汇报。

03 第三章

室内设计表现

拙劣的工匠总埋怨他的工具。 ——蔼里

一个好的室内设计师，必须具备一双和头脑一样灵巧的手。

"设计师要创造的作品最终是一个实物，不管有多少理念和思想在里面，最后必须要在设计中体现出来。建筑与室内是一个形象化的物体，所以设计师必须学会将理念转化为形式，这一转化的过程就是设计表现。室内设计表现是一套设计师与自己、业主方以及施工人员之间进行交流的语言"话术"，并且贯穿项目实施的全过程（表图3-1-1）。

表 3-1-1 室内设计表现方法

设计阶段	表现内容	表现方法	特 点
初步阶段	初步意向方案	铅笔钢笔中性笔等手绘草图为主	风格随意不拘形式
深化阶段	深化细化方案	铅笔钢笔中性笔等手绘草图+CAD、SU、3DMAX 等	多种表现结合方案逐渐固化成正式图纸
施工图阶段	施工图+效果图+模型+视频	电脑制图 CAD 为主	符合国家制图规范的正式图纸
施工协作阶段	补充、变更施工图+竣工图	电脑制图 CAD 为主	符合国家制图规范的正式图纸

室内设计表现图具有思维性和交流性两大重要特质。"自由地画，通过线条来理解体积的概念，构造表面形态……首先要用眼睛看，仔细观察，你将有所发现最终灵感降临"（勒·柯布西埃）。一个有创意的设计，其灵感的火花是在"想"和"画"的反复肯定和否定中碰撞出来的。如果不会用手画，脑子里面存在的抽象形象就难以变为具体的形式以供方案的交流，更不必说思考它的合理性了。

思维性就是指室内设计过程是一个渐进的、不断完善的过程，需要"脑—眼—手—图形"四位一体，尤其在设计初期，设计意象是模糊的、不确定的，设计师根据业主方所提供的信息资料（含现场）运用经验、逻辑推理在纸上随手勾勒出来的图形符号等是跳跃性的，又是不可捉摸的，是一种设计师的自我交流，这种自我交流可以对设计进行构思、比较和推敲，是寻找创意灵感的重要阶段，是设计师将头脑中的抽象构想转换为具体视觉形象的一种能力和技术，是设计师用来表述设计思维的无声语言，往往抽象难懂。在这个过程中如果过分依赖电脑，就会在很大程度上束缚人的创造性思维。

交流性是指设计师通过手绘表现图结合口头语言、文字以及模型等多种手段与业主方、同行或施工方进行交流，使他们识读并理解设计方案的内容及效果，从而获得他们的认同，最终达成共识；在面对面交流的过程中，设计师可以充分利用手绘表现的交流性功能，现场进行调整修改，这样节省时间的同时，也有利于设计方案的推进和赢得业主的信赖。

在室内设计手绘表现过程中，设计师的观察力、形象思维能力、图形分析能力、审美能力、对表现工具的把控能力乃至创作能力，都能得到极大的锻炼和提高，对于设计师来说也是敢于直面客户的设计能力和艺术素养的全面挑战；同时在设计过程中过分依赖电脑难免比较呆板冰冷，电脑的机器特性导致概念化缺少生气和情感，进而影响设计品味，这也正是在电脑如此发达的今天，手绘表现仍然并不过时的重要原因。

第一节 手绘表现

室内设计手绘表现是环境艺术设计专业教学重要内容之一，手绘设计图纸是思想和手的结合,其主要目的是培养学生的创新思维和快速表现能力,手绘快速表现不论在专业教学效果展示还是在业内方案沟通意图表达上都是非常重要的内容。

手绘最大的特点是可以快速表现创意,进行分析和设计自我解读,此外对于刚刚开始设计起步的学生来说,过早地接触计算机绘图不利于良好的设计习惯的养成,同时扼杀了活跃的创作思维和创作激情,手绘表现不仅是一门重要的基本技能,同时也是一种有效的设计辅助工具,所以可以肯定的是手绘表现是计算机无法取代的,正是由于计算机需要对技术的专注、较早投入表现的精准性,直接影响设计师对设计对象整体上的关注度以及对稍纵即逝的设计灵感的把握。

手绘工具主要包括铅笔、钢笔、水彩、水粉、马克笔以及综合表现等几大种类。手绘效果图形式主要有线描淡彩、水彩画、水粉画、国画、素描或者速写、马克笔表现等形式,其中以线描淡彩、马克笔、水彩画、水粉画最为常见。手绘表现技法的掌握,首先学会透视画法,其次是室内结构、家具、陈设物等的画法,最后是色彩的表现运用。完美的手绘效果图无论是教学,还是学生的认识、掌握到熟练,都需要很长的时间,这是一个需要不断练习,反复实践总结的漫长过程。

一、铅笔

铅笔表现技法历史悠久,因工具简单易得,技法容易掌握,具有快速方便、可修改、结构层次关系也能清晰表达,一直是设计师手头最为常用的工具。铅笔一般分为黑色铅笔和彩色铅笔。黑色铅笔或者单色铅笔表现,画面效果具有黑白灰3个层次,典雅细腻且立体感突出,类似于素描效果,单色铅

笔简洁单纯,黑白分明,可以通过细腻的黑白灰色调及线条的使用,让人更多的关注到空间的本质;所以铅笔大多用来表现明暗单色效果,在今天一般多用来构思、练习,或作为起稿草图之用,而不直接用来做效果图表现(见图3-1-1)。

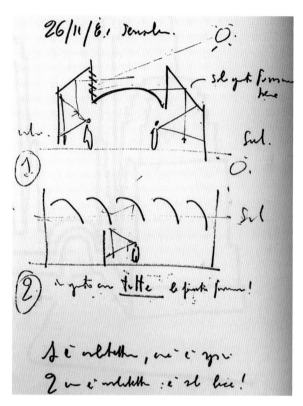

图 3-1-1 设计分析草图

彩色铅笔工具的使用简单方便,色彩细腻,技法也容易掌握,很少出现不易控制而画坏的情况,常常用来绘制设计草图和表现初步方案。一般彩色铅笔宜选用质地较为粗糙的纸张,这样附着力强,可以把色彩画深,否则容易出现色彩灰弱的情况。彩色铅笔分油性和水溶性两种类型,水溶性彩色铅笔遇水可以晕化,产生类似于水彩的效果。彩色铅笔的基础技法一般有平涂排线、叠彩排线、水溶退晕等手法。平涂排线是运用彩色铅笔均匀地排列出铅笔线条,讲究线条排列的疏密、方向等秩序感,塑造出形体明暗关系,

也可以排列出不同色彩的铅笔线条，各种色彩可重叠使用，画面效果丰富多变；另外一种是平涂成色块，不露笔触。与铅笔技法一样，彩铅使用时力度不同可以产生深浅变化效果；另外不同色彩铅笔叠加覆盖可以产生色彩调和效果。为了绘制时不破坏轮廓，可以像喷笔遮挡技法一样，用一张纸沿轮廓盖住不需要画的部分，画完后拿掉，可以有整齐的边缘。还可在水彩、马克笔等效果图制作后期与彩色铅笔结合使用，用来补充不足、加强主体、表现细部、追求质感等。

用彩色铅笔绘制的步骤如下。

（一）起线稿

在设计构思成熟后，用铅笔起稿，把每一部分结构轮廓都表现到位（见图 3-1-2）。

图 3-1-2　起线稿

（二）刻画视觉中心

在用黑勾线笔描绘前，要清楚准备把那一部分作为重点表现，然后从这一部分着手刻画，同时把物体的受光、暗部、质感、空间立体表现出来（见图 3-1-3）。

图 3-1-3　刻画视觉中心

（三）刻画细部

视觉中心刻画完后，开始拉伸空间，虚化远景及其他位置，完成后，把配景及小饰品点缀到位，进一步调整画面中线面体的虚实关系，打破画面生硬的感觉。

（四）着色

先考虑画面整体色调，再考虑局部色彩对比，对于整体笔触的运用和细部笔触的变化做到心中有数再动手。先从视觉中心着手，详细刻画，注意物体的质感和光影表现；笔触要注意富有变化，不要平涂，由浅到深层层叠加进行刻画，注意虚实变化，尽量不让色彩渗出物体轮廓线。

（五）铺色调

整体铺开润色，运用灵活多变的笔触，彩铅在效果图色调协调中可以起到一个很大的作用，包括远景、特殊质感肌理的刻画（见图 3-1-4）。

图 3-1-4　铺色调

（六）调整完善

调整统一效果图整体空间关系，注意物体色彩的变化，把环境色考虑进去，进一步加强因着色而模糊的结构线，用修正液修改错误的结构线和渗出轮廓线的色彩，同时提高物体的高光点和光源的发光点（见图 3-1-5）。

图 3-1-5　调整完善

二、钢笔淡彩

钢笔的特性是质地坚硬，钢笔效果图画风严谨，线条干净流畅，细部精细准确，既可以严谨挺拔，也可以洒脱飘逸，所以钢笔淡彩表现的优势是快速、简洁、实用；对于钢笔线条的要求是准确、生动；准确是指透视、比例、结构准确；生动是指用笔的轻重力度、粗细、断续等变化。钢笔除勾线外，还可以用点、线、面的形状以最为简洁的方式表现形体结构、明暗和空间远近距离，通过线条排列的方向、疏密、轻重、长短、曲直都应该特别讲究，力度的轻重、速度的徐疾、方向的逆顺等表现空间虚实感、层次感、空间感等，这也是其能成为快速表现基本手段的优势。

常用的钢笔画工具有自来水笔、针管笔、绘图笔、美工笔和中性笔等。不同的钢笔发挥不同笔尖的特点，自来水笔可以有一定的线条变化，而针管笔线条均匀，美工笔可以用中锋勾线、以侧锋宽笔尖画大面积阴影。笔尖外折弯扩大了笔尖与纸的接触面，可画出更粗壮的线条，笔触的变化也更为丰富。签字笔具有笔尖圆滑而坚硬的特性，没有弹性，画出的线条流畅细匀，没有粗细轻重等方面的变化，画面的装饰味很浓，特别是线条没有粗细变化，画面景物的空间感主要依靠线条的疏密组织关系和线条的透视方向来表现。

钢笔淡彩上色技法大致分为两种，一种是渲染法，包括平涂和退晕等；另一种是随意性的填色法，包括湿晕染和平涂、叠色及笔触等；这两种技法在实际绘画过程中往往综合运用。叠加法待前一遍颜色干透后再叠加第二遍颜色，该方法适合表现光的投影和面的变化。钢笔淡彩表现的缺点是效果比较单薄，不能表现深入逼真的效果图等。

钢笔淡彩表现技法着色的基本步骤如下。

（一）勾画轮廓

用钢笔或针管笔勾出墨线，画出透视底稿，尽量使线条具有空间透视虚实效果（见图 3-1-6）。

图 3-1-6 勾画轮廓

（二）铺色调

用排笔或毛笔表现画面主色调，着淡彩，把握好大的色调及空间感，灯光处要注意留白，光晕要以叠的方式来处理（见图 3-1-7）。

图 3-1-7 铺色调

（三）刻画细部

要注意对材料质感的色彩表现，对用色力度不够的部位要以色彩叠加的方式表现出明显的光影变化（见图 3-1-8）。

图 3-1-8 刻画细部

（四）调整完善

画面整体关系协调，主次分明，重点突出，空间层次柔和细腻（见图 3-1-9）。

图 3-1-9 刻画细部

钢笔画由于其特性，下笔后不易修改，所以需要具备深厚且扎实的速写功底，要想表现自如、准确生动，就必须多画多练，做到笔不离手。只有经过长期训练和积累，才能达到娴熟自如、生动流畅的效果。

三、水彩

水彩是一种半透明的颜料，颜色效果透明雅致，工具简便，层次丰富，是理想的效果图表现材料。水彩画颜料色泽透明，不具覆盖性，这是与水粉的区别（见图 3-1-10）。

水彩的性质介于透明水色与水粉颜料之间，它既没有水粉颜料所拥有的极强的覆盖力，也不如透明水色颜料的透明效果好。但由于它的半覆盖半透明的特质，所以它既可利用针管笔稿作底稿也可以用自身的色彩特性独立地表现物体。水彩不宜作太多、太深入的刻画和塑造物体的体积感与空间感，应尽可能保持水彩画结构清晰、层次明快、画面清新雅致的特点。

图 3-1-11　水彩表现范例 1

图 3-1-10

水彩画对于纸张要求较高，市面上有专门的水彩纸。水彩画纸纹理有粗细之分，可以制造出不同的画面效果。水彩画笔可以用专门的水彩画笔，还可以选用水粉笔及中国画毛笔等。水彩技法在表现空间氛围、形体结构、材料质感和明暗光影等方面有独特的韵味，基本作画方法有干画法、湿画法及干湿结合法，还可以通过平涂、叠加、退晕、洗涤、留白等技法来增强表现力，表现特殊效果。

叠加法即平放画板，从物体的光影转折点开始，用同一淡色平涂，由浅入深，等干后再逐渐叠加颜色，表现柔和丰富的色调（见图3-1-11 ~ 图 3-1-14）。

图 3-1-12　水彩表现范例 2

图 3-1-13　水彩表现范例 3

图 3-1-14　水彩表现范例 4

退晕法即倾斜画板，先进行平涂，在积水下流时加入颜色，使画面产生渐变的效果。若积水过多时可用笔吸干，然后再用着色平涂法大面积水平运笔，小面积则可垂直运笔，在颜色湿润的时候衔接笔触，可使画面整洁，颜色过渡细腻。

在水彩效果图绘制中，常将钢笔画技法和水彩技法相结合，水彩表现技法遵循一般作画步骤与过程。

（一）画线稿

首先以钢笔绘制底稿，做好严谨准确的线稿。

（二）着色

室内设计效果图表现一般先从大面积的顶棚、地面等开始着色，先整体后局部；室外环境则先画天空、地面等，一般着色程序是由远及近、先浅后深、先湿后干、先大后小，先明确形体和素描关系，高光和亮部要预先留出。

（三）刻画形体

对空间中主要家具陈设进物品行重点刻画，深入着色，水彩上色刻画用颜料不宜过多，色调要统一，避免出现脏色。

（四）完善整理

加深提亮，统一调整使效果图画面简洁明了、色调协调统一。

水彩一直采用传统渲染效果图手法，近年来与钢笔、马克笔等结合使用，可以快速、简便地达到较佳的预想效果。

四、水粉

水粉画是效果图表现技法中较为常见的一种，具有色彩饱和度高，易溶于水、色彩感通透、有较强的色彩附着力等特点。通常以白色颜料调整颜色的深浅度，通过干、湿、薄、厚产生丰富的绘画效果，适合各种空间表现需求。使用水粉

颜色绘画设计表现图时，需在掌握其由湿到干颜色也会从深变浅的特性后，才能达到良好的色彩表现效果（见图3-1-15、图3-1-16）。

图 3-1-15　水粉表现范例 1

图 3-1-16　水粉表现范例 2

水粉效果图表现技法分为湿画法和干画法两种基本风格。

（一）湿画法

这种作画方式是先在绘图纸上用水湿润画纸然后着色，或调和颜料时用大量的水，这种方法适用于大面积的色块绘制。在绘图的过程中要特别注意底色上泛，如出现破坏画面效果的地方，可通过用笔吸清水的方法洗掉画面上的颜色，等待纸面干后再进行上色。

（二）干画法

这种画法是指在上色过程中，用以少量的水进行颜料调配。其特点是：画面色彩饱和、明快，笔触清晰，但是在作画过程中要注意笔触的处理不可过于凌乱，以至于破坏画面整体感。水粉画法的两种技法也可以中和使用，比如绘制天空水面等大面积色块时可采用湿画法来渲染，以达到天空、水面的柔和之美。一些局部可用干画法来细致刻画，如室内的沙发、座椅等物体。就整体的画面绘制而言，大面积的绘制颜色宜薄不宜厚。画面中前景的描绘可用厚些的颜色绘制，以达到前实后虚的效果（见图 3-1-17 ～图 3-1-19）。水粉效果图表现因为水粉其较强的覆盖性能有利于画面修改和完善，其作画步骤适用于一般效果图制作流程：画线稿→铺底色→刻画形体→修改完善→调整统一。

图 3-1-17 水粉表现范例 3

图 3-1-18 水粉表现范例 4

图 3-1-19 水粉表现范例 5

五、马克笔

马克笔表现图常用于快速表现设计者的思维，呈现设计方案。马克笔表现技法由于工具简单，着色快捷，色彩丰富，笔触明晰，效果强烈，对纸张的要求也不高，所以在设计界非常流行。马克笔如同水彩，具有透明特性，故着色程序一般也是先浅后深。马克笔不易涂出大面积均匀的底色，所以常以简练、概括的手法来表现对象，呈现意到笔不到的效果。

马克笔分为水溶性马克笔、油性马克笔和酒精性马克笔三种，颜色快干、通透，着色方便，不需与水调和，通过各种线条的色彩叠加达到更加丰富的色彩效果。水性马克笔颜色亮丽透明，笔触感强烈，缺点是重叠笔触若无经验容易造成画面脏乱；油性马克笔色彩饱和、耐水、耐光照，但其不易与水彩、彩色铅笔相溶，有较强的渗透力和附着力，尤其适合在描图纸（硫酸纸）上作图，笔触柔和自然，加上淡化笔的处理，效果很好；酒精性马克笔的主要成分是染料、变性酒精、树脂，墨水具挥发性、速干、防水、环保，应于通风良好处使用，使用完需要盖紧笔帽，要远离火源并防止日晒。

马克笔笔头一般是纤维材料制成的，有圆头和方头两种，笔触是马克笔表现效果图的重要内容。一般方头使用较多。马克笔基本上色技法分为并置、重置、叠彩三种；并置是运用马克笔并列地排列出彩色线条。重置是运用马克笔组合同类色的色彩，排列出线条。叠彩是运用马克笔组合不同的色彩，表现色彩变化排线（步骤图见图 3-1-20、图 3-1-21）。

出细腻丰富的效果图（步骤图见图 3-1-22、图 3-1-23）。

图 3-1-22 马克笔步骤图（3）

图 3-1-20 马克笔步骤图（1）

图 3-1-23 马克笔步骤图（4）

马克笔效果图基本上色步骤如下。

图 3-1-21 马克笔步骤图（2）

马克笔着色应注意以下几点：运笔快速果断，笔触鲜明，不熟练者可借助尺子进行；同一区域不宜重复多次着色，一般 2~3 次，否则易出现脏腻晦涩；马克笔着色干湿存在色差，湿时浓艳，干时浅薄，且受纸张的影响较大，所以注意色差影响；在上色的过程中必须注意画整体的明暗关系、虚实关系、冷暖关系。马克笔可用于单独的快速表现，也可以与彩色铅笔、水彩等结合使用，制作

（一）勾画轮廓

用针管笔或钢笔勾出效果图空间透视的骨架线，线条的粗细要依据画面来定，此阶段主要注意透视的准确和整体构图完整。力求空间透视线条稳、准、精，形体比例正确、构图大方。

（二）画小稿

马克笔在绘制正稿前可以先绘制一张小草图。草图可以解决构图和大致色调倾向。在空间及物体大致轮廓完成后需要进一步刻画，包括适当表现阴影，使用粗细、深浅不同的线条使空间立体感更强、描绘的对象更具有整体性、层次更分明等。注意突出对主要物体和空间重要结构线的表现（图 3-1-24、图 3-1-25）。

图 3-1-24　马克笔表现

图 3-1-25　马克笔

（三）铺色调

从大的色彩倾向出发，遵循从上至下、先大后小、先背景后主体的原则，由浅至深画出大的色彩关系。注意马克笔的覆盖与笔触，从整体出发保证画面的完整性；在颜色干透后再进行第二遍上色。

（四）形体刻画

对物体细部着色强化表现出明暗关系和个体的色相，起着重点突出、画龙点睛的作用，在细部刻画时从画面暗部开始着笔

并注意画面大的整体色彩关系和物体的光影感。

（五）完善

调整画面整体上的色调、光影及空间关系。

结语：

所有工整、完整的平面图（图纸），前期都经历了无数的草图推敲"洗礼"，这也是表达设计思维的重要一个环节。平时多练习画线条，当我们在掌握好方法时，更需保持每天积累与勤奋动手做的习惯，最重要的是靠一个人的顽强意志力与毅力坚持下去！

作业设计：看实景图转平面、立面、透视图。

这种方法看似不起眼，可如果结合空间的基本原则，在加强锻炼观察力、概括力、尺度空间感，它不但能够让你学会如何认真看一张图，也会让你从一张普通的实景图当中学到设计的思维。学完后，如果能够根据所学知识，自己找设计图并判断设计品质，会为以后做实际项目时找意向图配方案设计奠定良好基础。

六、现代设计手绘表现的发展趋势

（一）手绘是一门技术，也是一门艺术

手绘起源于传统绘画，是造型写生的重要手段，所以不仅仅是设计师的专属。手绘是一门技术，也是一门艺术。一方面设计师利用手绘反映设计思维分析过程，是一种记录设计成果的工作技术手段；另一方面手绘的过程是一个创作的过程，有着与生俱来的艺术独创性，体现着设计师的内在情感和审美特质，在设计理性和艺术感性之间完美地呈现着设计师的构思和技法。

（二）手绘能力成为设计师的内涵象征

伴随着计算机表现技术的兴起，手绘表现一度被怀疑其存在的必要性和价值意义。不可置疑计算机再现技术在精准表现、规范化和标准化、易于修改、重复制作等方面有强大的生命力；但计算机不可能代替创意，只是辅助设计的工具。手绘快速表现在记录设计师创意灵感、与业主面对面交流、及时处理突发问题等方面具有计算机不可替代的很多优势：一方面手绘方便、简单、便于修改，可以在任何时候捕捉住稍纵即逝的灵感，具有设计师的人文特质，同时手绘可以作为设计师的一种工具或工作方式并体现其艺术内涵；其次只有具备娴熟的手绘技巧和扎实的专业素养，才有在设计过程中举重若轻，成为沟通与交流设计思想最便利有效的方法和手段，尤其在设计初期，这个优势更加明显（见图 3-1-26）。

图 3-1-26　设计师手绘交流

（三）好的手绘设计作品就是艺术作品

一张设计手绘效果图，既是设计作品也是艺术作品；设计图表现在计算机没有出现以前一直存在，主要是手绘。比如历史上的晋代出现的以工整写实、造型准确为创作宗旨的界画，既是中国画的一种技法，也是中国画的一个独立门类，同样因为其制作精工也见于北宋李诫编修的《营造法式》中。类似的图例同样可见于《考工记》《营造法式》《清式营造则例》《工部工程做法》等。随着科学技术的发展，计算机表现效果图逐渐成为主流的设计表现工具，能渲染出具有超级真实感的场景，很受普通业主喜爱；但真正称得上艺术作品的电脑效果图却非常少，因为电脑效果表现图作为一种机器语言，其本身制作时间较长、受制作场地限制、易于复制仿造等缺陷，不同于手绘图（包括手绘草图），凝结着设计师独特的思考分析、逻辑推理过程和情感体验，很难重复再现而具有不同于机器美学的独特意义。

复习和思考题

1. 比较分析各种手绘表现技法的特点、相同点和不同点。

2. 任意选择 2～3 种手绘表现方式进行效果图的临摹练习，制作 3～5 幅。

第二节　计算机辅助制图

我们已经适应了这个人工的世界，关键不在于材质，而取决于关系，人与机器人之间并没有严格的界线。

——石黑浩《人工智能真的来了》

世纪之交计算机开始大量进入我国日常工作生活，发展至今，人们逐渐变得离不开计算机和网络已经是不争的事实。学习计算机辅助制图技术是室内设计专业的重要内容，计算机制图具有快速精确、易修改、易复制、易传递、易保存、不会休息等优势；以建筑施工图为例，利用传统手绘制图方法所完成的 100 人 1 天的工作量，现在 1 个设计师可以在 1 天内完成，在施工图、效果图、动画等设计表现方面拥有手绘不可比拟的优势；但我们我们也不能过分夸大其功能，因为之所以称计算机辅助制图是因为计算机暂时还不能代替创意，只是一种辅助我们更好进行设计的工具。

随着计算机技术的日趋成熟，计算机辅助制图集中表现出有两大优势：一是设计软件种类越来越多，版本更新速度越来越快，出现了 AutoCAD 、 3dmax & Vray 、 Sketchup 、 CorelDRAW、Photoshop 等软件；二是设计软件智能化程度越来越高，操作界面越来越简单。室内设计软件主要包含平面设计、立体设计软件和渲染软件三大类。平面设计软件主要有 AutoCAD、CorelDRAW、photoshop 等，立体设计软件主要有 3Dmax、Sketchup，渲染设计软主要有 Lightscape、VRay 等。

一、施工图制图软件

（一）CAD 天正建筑

CAD（Computer Aided Design）计算机辅

助设计，即利用计算机及其图形设备帮助设计人员进行设计工作，简称 CAD。在室内设计中，AutoCAD 主要是用来制作设计方案图和施工图，制作房屋的规划位置、外部造型、内部功能布置、界面设计、细部构造、固定设施及施工要求等图纸。

CAD 是 Autodesk 公司首次于 1982 年开发的计算机辅助设计软件，用于二维详细绘图和基本三维设计，现已经成为国际上广为流行的制图工具；除了 Autodesk（欧特克）外，我国也自主开发出了具有独立知识产权的国产施工图制图软件如浩辰 CAD、中望 CAD 等，并在国内已经拥有大量用户。

AutoCAD 制图快速、精确、全面，具有广泛的适应性和良好的兼容性。主要用来制作室内设计中设计方案图和施工图所涉及的全套图纸如平面图、立面图、剖面图、节点图、大样图和构造详图等（见图 3-2-1、图 3-2-2、图 3-2-3、图 3-2-4、图 3-2-5、图 3-2-6）。

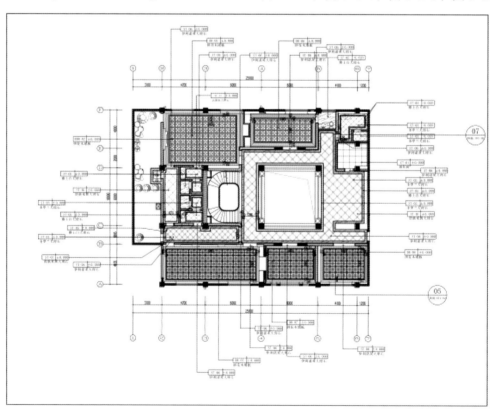

图 3-2-1　地面材质铺装图

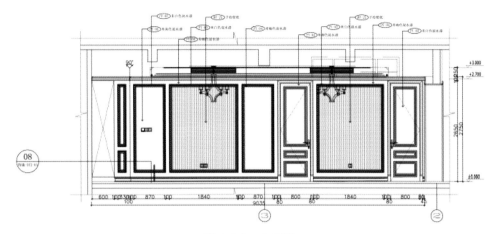

图 3-2-2　立面图

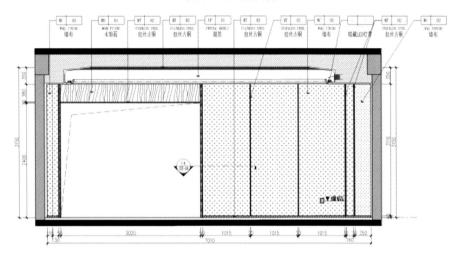

图 3-2-3　剖立面图

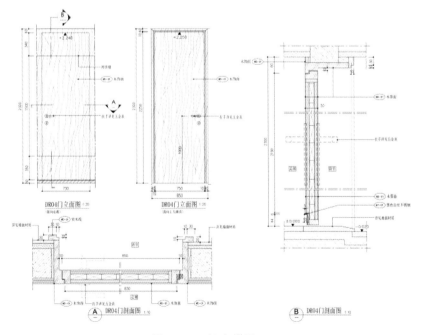

图 3-2-4　门大样图

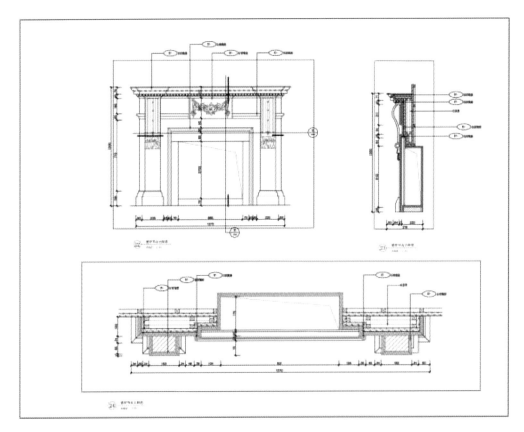

图 3-2-5　壁炉构造节点详图

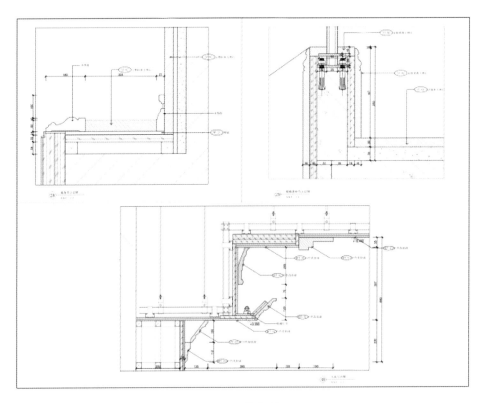

图 3-2-6　节点详图

AutoCAD 的基本功能如下。

（1）平面绘图能以多种方式创建直线、圆、椭圆、多边形、样条曲线等基本图形对象。

（2）绘图辅助工具 AutoCAD 提供了正交、对象捕捉、极轴追踪、捕捉追踪等 AutoCAD 的操作界面。

（3）三维绘图可创建 3D 实体及表面模型，能对实体本身进行编辑。

（4）网络功能可将图形在网络上发布，或是通过网络访问 AutoCAD 资源。

（5）数据交换 AutoCAD 提供了多种图形图像数据交换格式及相应命令。

CAD 的发展趋势主要体现在以下几方面。

（1）标准化。

目前除了 CAD 支撑软件逐步实现 ISO 标准和工业标准外，面向应用的标准零部件库、标准化设计方法已成为 CAD 系统中的必备内容，且向合理化工程设计的应用方向发展。

（2）智能化设计。

是一个含有高度智能的人类创造性活动领域，智能 CAD 不仅是简单地将现有的智能技术与 CAD 技术相结合，更重要的是深入研究人类设计的思维模型，最终用信息技术来表达和模拟它，才会产生高效的 CAD 系统，为人工智能领域提供新的理论和方法。

（3）CAD/CAM 技术。

以计算机及周边设备和系统软件为基础，它包括二维绘图设计、三维几何造型设计，是一种设计人员借助于计算机进行设计的方法，其特点是将人的创造能力和计算机的高速运算能力、巨大存储能力和逻辑判断能力有机结合起来。

CAD 在室内设计程序中的一般应用范围如下：

（1）设计准备阶段。

绘制原始平面图，新建平面图，有利于设计师手绘把握尺度比例，同时为意向效果图提供基础尺寸信息。

（2）方案设计阶段。

初步方案阶段绘制平面图、立面图是在把握整体原则下研究大致比例及风格效果，不用具体标注材质、尺寸等信息。初步方案确认后深化方案阶段可以直接添加材质、尺寸、标高标注等信息；施工图全套图纸必须用 CAD 绘制并符合《建筑制图国家标准》中的规范标准。

二、平面设计制图软件

（一）CORELDRAW

CorelDRAW 是一个功能强大的图形绘制与图像处理软件，基于矢量的绘图程序，是绘图与图像编辑组合式软件，其增强的易用性、交互性和创造力可轻松用来绘制室内设计中介于二维和三维之间的彩色立面图和平面图（见图 3-2-7 ~ 3-2-9）。

图 3-2-7　一层平面布置图 02

图 3-2-8　二层平面布置图 02

图 3-2-9 某卧室立面图

CorelDRAW 在室内设计程序中的一般应用范围如下。

主要用于初步方案设计阶段：绘制具有2.5维立体视觉效果的平面图、立面图，利用其图形处理功能完成材质编辑、表现灯光、阴影、尺寸标注等。

（1）先从 CAD 中导出 wmf 格式文件→导入 CorelDRAW，进行平面图或立面图的线框轮廓编辑，调整线条粗细。

（2）利用 CorelDRAW 导入平面材质和设计图块（JPG 格式或 CDR 格式）如沙发、茶几、床、柜、桌、椅、洁具、厨具、植物、电器之类的彩色平面或彩色立面图块（如需修改可以将这些图块预先导入到 PHOTOSHOP 中进行色调处理）。

（3）添加灯光光带、尺寸标注。

（4）输出 JPG 格式文件（见图 3-2-10、图3-2-11）。

图 3-2-10 客厅立面图

图 3-2-11 彩色立面图

（二）Photoshop

Adobe Photoshop，简称"PS"，是由 Adobe Systems 开发和发行的图像处理软件。Photoshop 的应用领域很广泛，在平面设计、修复照片、广告摄影、包装设计、插画设计、影像创意、艺术文字、网页制作、后期修饰、视觉创意、图标制作、界面设计等方面都有涉及，可以说 PS 是平面设计中应用最为广泛的领域（见图 3-2-12）。虽然 PS 具有良好的绘画与调色功能，但 PS 的专长在于图像处理，主要通过众多的图像编辑与绘图工具，处理已有的以像素构成的数字图像，甚至运用一些特殊效果进行编辑处理达到理想效果，所以其重点在于对图像的处理加工；一般格式有 PS、PNG、JPG、GIF 等。

图 3-2-12 空间色调练习

PS 在室内设计中的应用，主要用于效果图后期处理方面，包括明暗对比、色调冷暖对比、人物与配景的增加和调整，可以使三维场景更加逼真和更具感染力。同一张图片可以通过 PS 处理成不同的色调（见图 3-2-13、图 3-2-14、图 3-2-15、图 3-2-16）。

图 3-2-13　空间色调练习范例 1

图 3-2-14　空间色调练习范例 2

图 3-2-15　空间色调练习范例 3

图 3-2-16　空间色调练习范例 4

三、立体效果图制图软件

（一）3DStudioMax

3DStudioMax，常简称为 3DMax 或 MAX，是 Discreet 公司（现已被 Autodesk 公司合并）开发的基于 PC 系统的三维动画渲染和制作软件（见图 3-3-1）。由于该软件在三维建模、材质渲染、灯光设置、渲染输出方面的强大功能，被广泛应用在建筑室内外装饰效果的静态和动画表现上，其细腻真实的画面能够很好地表现设计效果（见图 3-3-2 ~ 图 3-3-8）。在应用范围方面，广泛应用于广告、影视、工业设计、建筑设计、三维动画、多媒体制作、游戏、辅助教学以及工程可视化等领域，3DMAX 软件未来的发展将向智能化、多元化、信息化方向发展，同大数据时代相迎合。

图 3-3-1　3D 效果图

图 3-3-2　茶坊

图 3-3-3　中式古韵结合现代工业风空间

图 3-3-4　客餐厅效果图

图 3-3-5　酒吧效果图（一）

图 3-3-6　酒吧效果图（二）

图 3-3-7　卧室效果图

图 3-3-8　室内效果图

在国内发展的相对比较成熟的建筑效果图和建筑动画制作中，3DMAX 的使用率更是占据了绝对的优势。根据不同行业的应用特点对 3DMAX 的掌握程度也有不同的要求，建筑方面的应用相对来说局限性要大一些，它只要求单帧的渲染效果和环境效果，只涉及比较简单的动画。

在室内设计表现方面，3DMax 主要用在室内效果图建模、渲染和动画表现等方面，但 3DMax 软件的学习相对于 SU 等其他软件来说，设置层级多、命令多、操作复杂，往往令初学者望而生畏，需要循序渐进、一步一步地学习。

（二）Sketchup

Sketchup 是一款谷歌公司开发的软件，简称"SU"。相比 3DMAX、犀牛等软件更易上手，是一套直接面向设计方案创作过程的设计工具，其创作过程不仅能够充分表达设计师的思想而且完全满足与客户即时交流的需要，它使得设计师可以直接在电脑上进行十分直观的构思、推敲、修改，同时利用插件可以做出相当精美的模型，还可利用高级渲染器 Podium 渲染出照片级的效果图，所以是室内设计方案创作的优秀工具。在 sketchup 中建立三维模型就像我们使用铅笔在图纸上作图一般，本身能自动识别你的这些线条，加以自动捕捉，所以官方网站将它比喻成电子设计中的"铅笔"。主要特点就是使用简便，人人都可以快速上手（见图 3-3-9、图 3-3-10、图 3-3-11、图 3-3-12、图 3-3-13）

图 3-3-11　正立面图

图 3-3-12　透视图

图 3-3-9　顶视图

图 3-3-13　前视图

SU 的特点如下。

（1）独特简洁的界面，设计师可以短期内熟悉掌握。

（2）适用范围广阔，可以广泛应用在建筑、规划、园林、景观、室内以及工业设计等领域。

（3）方便的推拉功能，设计师通过一个图形就可以方便地生成 3D 几何体，无需进行复杂的三维建模。

（4）快速生成任何位置的剖面，使设计者清楚地了解建筑的内部结构，可以随意生成二维剖面图并快速导入 AutoCAD 进行处理。

图 3-3-10　透视图

（5）与 AutoCAD、3DMAX、PIRANESI 等软件结合使用，快速导入和导出 DWG、DXF、JPG、3DS 格式文件，实现方案构思、效果图与施工图绘制的完美结合。

（6）自带大量门、窗、柱、家具等组件库和表现室内表面肌理的材质库。

（7）轻松制作方案演示视频动画，全方位表达设计师的创作思路。

（8）具有草稿、线稿、透视、渲染等多种显示模式。

（9）准确定位阴影和日照，设计师可以根据建筑物所在地区和时间实时进行阴影和日照分析。

（10）简便地进行空间尺寸和文字的标注，并且标注部分始终面向设计者。

（三）渲染软件

1. Vray

VRay 是由 chaosgroup 和 asgvis 公司出品的一款高质量渲染插件。VRay 是目前业界最受欢迎的渲染引擎。基于 V-Ray 内核开发的有 VRayfor3DMAX、Maya、Sketchup、Rhino 等诸多版本，为不同领域的优秀 3D 建模软件提供了高质量的图片和动画渲染，方便使用者渲染各种图片。由于 VRay 渲染器提供了一种特殊的材质——VrayMtl。在场景中使用该材质能够获得更加准确地进行物理照明（光能分布），更快地渲染，反射和折射参数调节更方便，所以目前很多公司都用 3DMAX 建模，用 VRay 渲染，完成设计效果表现。

Vray 是一种结合了光线跟踪和光能传递的渲染器，其真实的光线计算创建专业的照明效果。可用于建筑设计、室内设计、展示设计、灯光设计等多个领域。

2. Lightscape

Lightscape 是世界上唯一同时拥有光影跟踪技术、光能传递技术和全息技术的渲染软件；它能精确模拟漫反射光线在环境中的传递，获得直接和间接的漫反射光线；使用者不需要积累丰富实际经验就能得到真实自然的设计效果。

Lightscape 的特色功能如下。

2013 年世界上出色的渲染器却为数不多，如：ChaosSoftware 公司的 vray，SplutterFish 公司的 brail，Cebas 公司的 Finalrender，Autodesk 公司的 Lightscape，还有运行在 Maya 上的 Renderman 等。这几款渲染器各有所长，光照模拟和可视化设计系统，用于对三维模型进行精确的光照模拟和灵活方便的可视化设计。

（1）兼容多种文件。

Lightscape 可以兼容 Autodesk 公司 AutoCAD 的 DWG 文件和 3DStudio 的 3DS 文件，甚至 LIGHTWAVE 文件，原格式包含的图块、图层、材质、光源等信息完整保留无需重复设置。

（2）不同凡响的渲染速度。

Lightscape 把渲染过程分解为光能传递与光影跟踪两部分，在完成光能传递后，直接光照与阴影已经计算完毕得出相应渲染效果；如果修改材质和光照特征设置，全息渲染技术只计算被修改的部分而无需重新全图渲染，可以缩短渲染时间，减小电脑缓存压力。

（3）TheaRender（西娅渲染器）。

TheaRender 是一款全新的物理渲染器，它具有多种渲染引擎，可作为多个 3D 建模软件的渲染器，同时这款软件既可依托建模软件使用，也可以作为独立的渲染器使用。

本书拿 sketchup 版本渲染器进行举例，这款渲染器能够使用 Biased 真实、无偏差和 GPU 模式的最先进技术进行渲染。TheaRender 具有多种渲染引擎，可以交互式渲染，拥有独特的材质系统和准确、逼真的光线渲染能力。它使用 CPU+GPU(显卡)混合动力渲染，同时保持了 TheaRender 的高写实渲染质量，这种方式可用于调整过程中的交互式渲染，也可用于最终成品的渲染。

主要功能特色有如下。

（1）与草图大师融合度好，运行稳定，操作简洁流畅。

（2）实时互动式渲染，设计师可以随时观察设计效果，便于调整。

（3）CPU+GPU 混合动力渲染，特别适合于室外建筑、景观以及产品渲染，显卡渲染使得渲染速度极快。有多种渲染引擎（无偏差物理引擎、GPU 加速引擎以及 BSD 辐照度引擎等）可供用户灵活选择，适应不同类型的场景。

（4）thea 属于物理渲染器，材质细腻，光影逼真，表现力强。

（5）具备建筑剖面渲染功能：无需设置，直接渲染，自动识别 Sketchup 开启的剖切面，轻松渲染被墙挡住视线的室内。

（6）配合 Sketchup 组件创建灯光，自动关联复制组件，修改方便。

直观的材质调节系统。实用的材质库，非常方便调用。可在 Sketchup 的材质面板直接显示 thea 高级材质预览。材质 ID 通道自动分配颜色，不用逐个指定，开启即可，渲染时自动生成。

（7）具备批量渲染功能：自动识别 SketchUp 场景角度，列表待渲，打勾即可；自动为渲染结果图片命名，包括通道文件名，皆自动、有序完成。

四、其他几种常见的软件

除以上软件外，市面上还有几款常用于室内设计方面的软件如酷家乐、三维家、爱福窝等云设计平台以及 Envisioneer9、RoomArrange、SweetHome3D、我爱我家设计、CAD 迷你家装、91 家居装修设计软件等家装设计软件，

因为其各自定位不同而呈现不同的应用特色，都能满足家装设计的基本需求，满足设计师和普通人员的使用，下面集中说明两个软件。

酷家乐：酷家乐是一款很受用户喜爱的室内设计软件。酷家乐独创一键智能自动布局功能，即使你不懂设计，轻点鼠标，也能立即获取精美装修方案；所以酷家乐软件无需 CAD、3Dmax 的复杂操作，只需在线搜索、拖拽需要图块即可轻松设计，所见即所得，云资源库中含有海量资源，不用去其他地方找素材，有真实 3D 模型。

Envisioneer：加拿大的 Envisioneer 是一款全球智能傻瓜式装修设计软件，又被称为装配式 BIM 设计软件，拥有统一的创作空间和设计平台，设计过程简单有趣易学习。建筑设计师、室内设计师、装饰公司、家居及建材经销商、室内设计爱好者和消费者都可以轻松使用，每个人都可以使用相同的 3D 模型完成从概念设计到施工建设的全过程，效果图，施工图，报价单，一键生成。Envisioneer 二次开发的素材库都是真实产品，效果图的每一件产品都可以买得到，实现效果图真正的还原。

五、人机综合与跨媒体在在室内设计表现中的应用

（一）人机综合

人的进步体现在发明和利用工具；室内设计发展到今天，科技在其中发挥的作用越来越重要，这无疑代表一种趋势，人机综合是室内设计的一种选择，从人完全依赖自身的徒手手绘到今天我们可以利用电脑更好地变现创意设计，一定程度上将设计师从表现事务中解放出来，使他们可以全身心投入设计创意工作。但同时，计算机技术的发展给人的工作提出了更高的要求，智能技术和人脑创意都具有巨大的

潜力，激发人脑的潜力以及挖掘计算机技术在室内设计中的潜力是人机综合的基点，是艺术加科技的协作和互补。其中电脑表现技术爆发出强大的生命力和创造力，更智能化和简便化；另一方面，电脑表现可以轻松模仿各种手绘风格以及其他个性化的表现风格；人机综合的方式可以更好地使室内设计达到我们期望的效果。

（二）跨媒体

从 CAD、3DMAX 等软件的开发到酷家乐、三维家、爱福窝等云设计平台的应用，充分展示了高水平数字化信息处理技术的巨大潜力，智能化、信息化技术以及其他新媒体、跨媒体在室内设计中有无限广阔的发展空间，可以想象在不久的将来，像数字音乐的诞生一样，跨媒体技术将完成从现如今设计师利用软件及云资源库进行主动创作到利用计算机实现输入相关信息后的主动创作的跨越。从室内设计程序到室内设计表现、从设计风格到空间形态、从静态效果图到 720° 全视角漫游、从材料到色彩灯光、从工程量清单到工程预算造价等都都可以通过一键生成，届时将是室内设计师以及室内设计行业的春天。

包豪斯学派的创始人格罗皮乌斯曾经说过：我们正处在一个生活大变动的时期，在我们的设计工作里，重要的是不断发展，随着生活的变化而改变表现形式。

复习和思考题

1. 简述各种软件在室内设计中的表现特点。
2. 熟悉国家工程制图标准。
3. 学习识图和各种软件制图的表现方法。

04 第四章

项目实训

室内设计能力的提升需要一个系统的训练过程，项目实训是一个由简单到复杂，先易后难的循序渐进的学习和提高的过程。通过将理论和实践相结合，通过在项目实训实践中摸索，逐渐总结经验，慢慢在设计中达到事半功倍的效果。

项目实训体系分为两大部分，分别是居家空间室内设计和公共空间室内设计，其中居家空间室内设计项目2个，分为普通居住空间和别墅空间；公共空间室内设计项目3个，主要为会所和酒吧，内容包括餐饮、咖啡厅、书吧、茶吧、专卖店及办公等内容，实训项目内容的安排上体现出其延续性和完整性。小到普通住宅、多层别墅，大到1 000 m^{2}的大平层公共空间设计，是一个由易到难的过渡与逐渐深入提高的过程。

项目实训作业可以看作是检验学习成果的形式和指标。

第一节　项目实训任务书概述

一般室内设计任务书包括设计依据、设计内容、设计深度及图纸要求等内容。

一、设计依据

（1）室内设计任务书、建筑结构原始平面图。

（2）设计规范及标准。

（3）业主方提供的其他有效资料。

二、设计内容

1. 设计风格

整个室内空间风格设计。

2. 设计内容

整个室内按空间功能组织划分，可分为天棚、地面、墙面造型及材质设计，家具风格及材质，灯光色彩设计。

（1）设计方案应体现以人为本的原则，要求合理、科学地考虑平面布局与流程，充分满足使用要求。装修项目以简洁为主，装饰配套要突出时代要求，体现轻装修、重装饰的设计原则。

（2）要求重视绿化设计，运用适当的植物品种，巧妙搭配，营造良好的绿化景观。重视声光环境的设计，包括人造光源设计及自然光源环境设计以及要相应地采取避光隔声和吸音措施。

（3）利用自然采光、通风，采用合理有效的措施，尽力降低能源消耗，体现生态、环保的思想和节能的观念，满足可持续发展的需要。

三、设计深度

（1）设计说明：设计整体思路理念，语言准确、简练。

（2）平面图：有家具布置、适当的植物绿化，地坪铺设，图纸名称及比例，标高、尺寸标注，材料标注，标题栏。

（3）功能分区流向图：功能分区，明确交通流线，简洁和适当的标注，图纸名称及比例，标题栏。

（4）顶平面图：顶面的造型，灯具的布置，材料的标注，标高、尺寸标注，图纸名称及比例，标题栏。

（5）立面图：墙面造型的处理，材料的表现，材料的标注，标高、尺寸标注，图纸名称及比例，标题栏。

（6）详图、节点图：平面图、顶平面图、

立面图表达清楚、内容准确、详尽，比例自定，材料的标注，尺寸标注，图纸名称，标题栏。

（7）效果图：重点空间的透视图表现。

（8）编制施工图工程量清单及造价预算。

四、图纸要求

设计说明不少于 500 字，有标题说明、说明部分，包含总体设计说明及各功能区设计说明。

平面图比例为 1：100。

各功能区平面图比例为 1：100。

功能分区流向图比例为 1：100。

顶面图比例为 1：100。

立面图比例为 1：100。

详图、节点图比例自定。

五、设计评价

（1）设计定位和理念鲜明并表现充分。

（2）功能平面分析及组织到位，交通流线设计科学合理，材料运用准确得当。

（3）立面的设计能很好体现设计理念，做到功能空间和形式审美的统一。

（4）照明设计、色彩设计具有装饰特色。

（5）图纸绘制符合国家工程制图标准规范。

（6）作业过程程序严密，图纸完整，方案汇报讲解的逻辑清晰，感染力强，最后作业呈现过程中利用了平面排版、PPT 制作等富有美感和设计特色的方式。

第二节　居家空间室内设计

一、普通住宅室内空间设计任务书

1. 设计专题

居家空间室内设计

2. 实训项目背景

建筑面积约 120 m²，原始结构平面图见图 4-1-1。平层，净高 2 700 mm。家庭成员的背景设定为该住宅为两代人 3 口之家，家庭人员的职业、年龄、兴趣、爱好自拟；室内空间功能包括：入口门厅、客厅、主次卧室、玄关、厨房、餐厅、主次卫生间、儿童房（书房）等一系列生活所需空间。

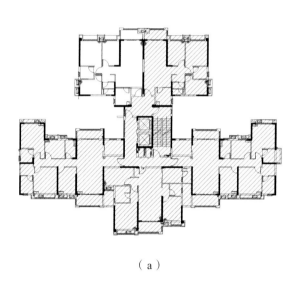

（a）

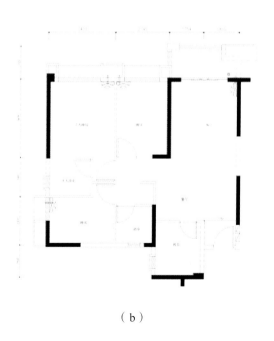

（b）

图 4-1-1　户型结构平面图

3．室内设计风格

古典风格、现代风格、自然田园风格、中式风格、欧式风格等，可以任选。

4．设计思路

能灵活运用空间、造型、色彩、材质等设计元素进行设计。

5．图纸内容及要求

（1）设计说明（不少于200字）。

（2）平面功能布局设计方案草图（2~3个），气泡功能分析图、交通动线分析图等若干。

（3）地平面图（含平面功能布置图、地面铺装图，比例为1：50~1：100）。

（4）天棚图（含顶棚造型及灯具布置图，比例为1：50~1：100）。

（5）立面图（主要空间或重点部位立面图，比例1：20~1：30，不少于5张）。

（6）室内手绘效果图（需要重点表现空间透视效果的区域：客厅、餐厅、卧室、书房、厨房等，不少于3张），表现手法不限。

（7）图纸要求：图幅：A3（420 mm×297 mm），所有内容均以手绘的形式表现。

二、别墅室内空间设计任务书

1．设计专题

别墅室内设计。

2．实训项目背景

一套别墅位于市郊，共4层，总建筑面积约530 m²，有入户花园，面积约100 m²，原始结构平面图见图4-2-1~图4-2-4，业主可以设定为艺术家、企业家、学者等成功人士，家庭成员结构自拟。主要房间包括客厅、起居室、餐厅、厨房、工作室、视听室、主卧室、儿童房、老人房、客卧室等；次要房间包括储藏室、车库、洗涤间等；室外用地包括入户花园、儿童活动场地以及其他休闲空间。

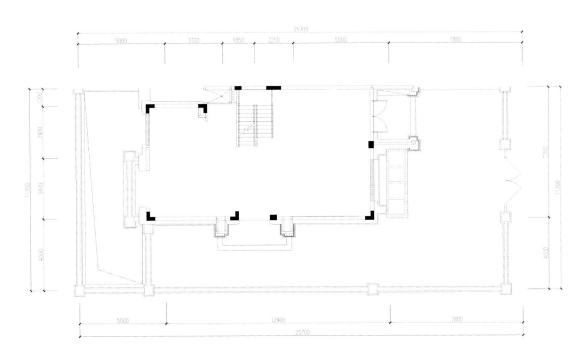

图 4-2-1　一层结构平面图

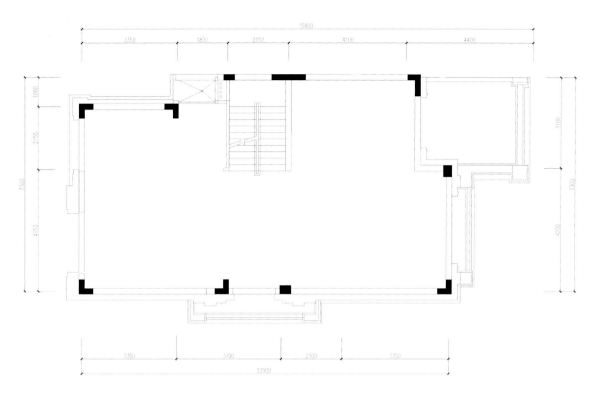

图 4-2-2　二层结构平面图

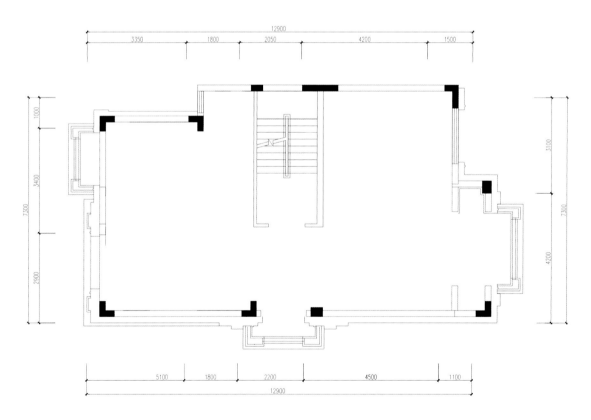

图 4-2-3　三层结构平面图

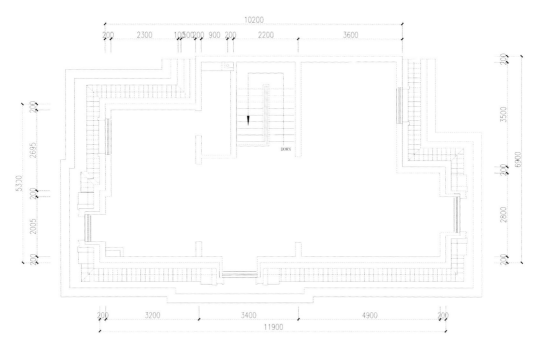

图 4-2-4　四层结构平面图

3. 室内设计风格

古典风格、现代风格、自然田园风格、中式风格、欧式风格等可以任选。

4. 设计思路

能灵活运用空间、造型、色彩、材质等设计元素进行设计。

5. 图纸内容及要求

（1）设计说明（不少于 500 字）。

（2）平面功能布局设计方案草图（2～3个），气泡功能分析图、交通动线分析图等若干。

（3）地平面图（含平面功能布置图、地面铺装图，比例 1：50～1：100）。

（4）天棚图（含顶棚造型及灯具布置图，比例 1：50～1：100）。

（5）立面图（主要空间或重点部位立面图，比例 1：20～1：30，不少于 5 张）。

（6）室内手绘效果图（重要空间透视效果：客厅、餐厅、卧室、书房、厨房等，不少于 3 张），表现手法不限。

（7）图纸要求：图幅：A3（420 mm × 297 mm），所有内容均以手绘的形式表现。

第三节　公共空间室内设计

一、项目概况

（一）周边环境及空间规模

位于大学校园内地生活广场，因为是商业聚集区，所以课余时间人流量大，消费对象主要是学生，紧邻学生宿舍、图书馆、大学生俱乐部、运动场、校园景观绿地、停车场等。单层建筑面积约 170 m²，建筑空间为双层框架结构，第一层净高 3.6 m，第二层净高 3 m，楼梯可以自己设计。

1. 参考的原始结构平面图

（1）原始结构平面图见图 4-3-1。

（2）原始结构平面图见图 4-4-1 和图 4-4-2。

（3）原始结构平面图见图 4-5-1。

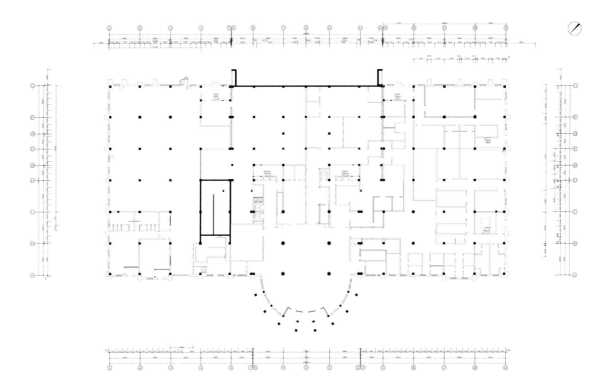

图 4-3-1　一层结构总平面图

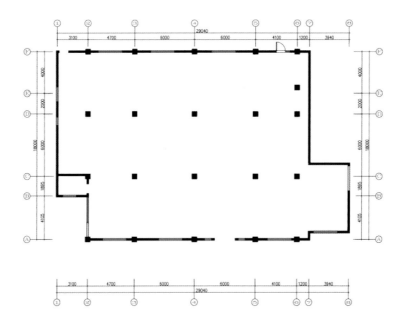

图 4-3-2

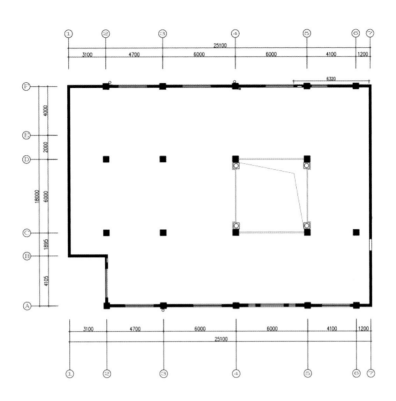

图 4-3-3

图 4-3-4

（4）设计选题参考。

根据周边业态，可以自行拟定为特色书吧、品牌鞋店、中式快餐厅、咖啡酒吧等空间类型中任选一个展开设计。

（二）中式快餐厅室内设计

1. 项目内容

以供应中式小吃为主的快餐厅或风味休闲餐厅的设计。

2. 设计要求

体现传统饮食文化，并反映现代快餐特点、功能安排恰当，人流动线科学合理，空间组织灵活，形式手法多样，材料运用得当。

（三）水吧设计

1. 项目内容

水吧设计。

2. 设计定位

可以自选咖啡吧、小酒吧、茶吧、室内小游园等空间类型，内容不限。

3. 设计要求

场地与周边环境界面的设计以通透或半通透为主，不需要设置厨房、储藏室等辅助空间，但需要设置服务台、吧台等。根据设计定位选择设计空间功能内容，包括表演台、小舞池等内容；要求环境舒适、空间氛围高雅，让人感受到现代都市文化生活。设计风格自定，要求具有鲜明的特色。

（四）精品专卖店（虚拟内容和品牌）

1. 项目内容

专卖店设计。

2. 设计定位

专卖店销售的商品可以是时装、鞋、帽、包、家用电器、学生文创产品等，内容不限。

3. 设计要求

根据自己设定的专卖内容确定设计风格、主题和周边场地的虚实界面关系。要求设计的风格形式和内容统一，设计创意独特而新颖，功能分区合理，交通动线明确；该店兼顾零售及批发业务，要求有一个 8～10 m² 的小型储藏库房，空间中有产品展陈空间、洽谈空间、收银台、办公室及会客室等内容。

（五）特色书吧室内设计

1. 项目内容

特色书吧设计。

2. 功能定位

书吧的阅读、休闲、体验等多功能、综合性功能日益突出，满足为学生及外来人员提供阅读、购书、上网、茶水、储备等功能的使用要求。

3. 设计要求

功能明确，布局合理，风格鲜明。通过空间布局、材料和灯光、色彩的设计，包括陈设装置等综合运用，塑造一个安静高雅、现代时尚的都市人文空间。

4. 环境要求

周边道路是否临街，环境及空间出入口等自己拟定。

5. 图纸要求

（1）设计说明（不少于 500 字），设计草图 5～10 张。

平面功能布局设计方案草图（3～5 个）。

（2）各层地平面图和顶平面图，比例 1∶100。

（3）立面图 5～10 张，比例 1∶100。

（4）剖面图 3～5 张，1∶100，要求必须剖到楼梯。

（5）节点构造图和大样图不少于5张。

（6）有代表性视角的透视图2~5张，表现手法不限。

（7）图幅：A3（420mm×297mm）。

二、其他设计案例赏析二维码

（一）设计案例欣赏一

普通住宅内设计案例（图 4-1-3～图 4-1-16，见二维码）。

（二）设计案例欣赏二

别墅室内空间设计案例（图 4-2-5～图 4-2-22，见二维码）。

（三）设计案例欣赏三

休闲水疗会所室内空间设计案例（图 4-3-2～图 4-3-15，见二维码）。

（四）设计案例欣赏四

法式风格会所室内设计案例（图 4-4-3～图 4-4-13，见二维码）。

（五）设计案例欣赏五

酒吧室内空间设计案例（图 4-5-2～图 4-5-9，见二维码）。

案例赏析二维码

附　件

室内设计合同

合同编号：

业主方：　　　　　　　　　　　　（以下简称甲方）

设计方：　　　　　　　　　　　　（以下简称乙方）

签订日期：　　　　年　　月　　日

签订地点：

兹有甲方委托乙方担任室内装饰设计工作，本着精益求精、精诚合作、城市守信的原则，经双方协商签订本合同条款，以兹双方共同遵守：

第一条　本合同依据下列文件签订

1.《中华人民共和国经济合同法》

2. 国家和地方有关建筑装饰工程、工程勘察设计管理规章条例。

3. 建设工程批准文件。

4. 甲方提供建筑原始结构图纸。

5. 其他。

第二条　工程概况

1. 项目名称：

2. 项目地点：　　　　　　　　　装饰设计范围：建筑面积＿＿＿＿＿＿＿m^2

3. 房屋结构：　　　　　　　　　使用性质：

4. 设计要求：达到国家相关规范要求同时做到安全、美观、经济，满足业主使用要求。

5. 工期安排：＿＿＿＿年＿＿＿月＿＿＿日—＿＿＿＿年＿＿＿月＿＿＿日。

6. 本项目中，甲方项目负责人为＿＿＿＿＿＿＿，联系电话＿＿＿＿＿＿＿＿＿，甲方项目总监为＿＿＿＿＿＿＿，联系电话＿＿＿＿＿＿＿＿＿＿＿；甲方项目监理＿＿＿＿＿＿＿＿＿，电话＿＿＿＿＿＿＿＿＿＿。乙方项目负责人为＿＿＿＿＿＿＿＿＿＿＿，联系电话＿＿＿＿＿＿＿，乙方项目总监为，联系电话＿＿＿＿＿＿＿＿＿＿；乙方项目监督电话＿＿＿＿＿＿＿＿＿＿。

第三条　设计收费、付款方式

1. 单价计算方式：＿＿＿＿＿＿＿＿＿＿＿＿＿＿＿＿。

2. 设计费总计＿＿＿＿＿＿＿元。（大写＿＿＿＿＿＿＿＿＿＿＿＿＿＿）

3. 付款方式：

3.1　签约后三个工作日内，支付设计费的定金____%，_____元（大写_____整）。

3.2　效果图方案确定后三个工作日内，支付设计费的____%，_____元（大写_____整）。

3.3　交施工设计图后三个工作日内，支付设计费的___%，____元（大写_____整）。

3.4　余_____% 部设计费（大写_____整）。在_____完成后三个工作日内支付。

3.5　以上每个款项都应一次性付清。

3.6　本合同所产生的一切税费由甲方承担，税率为____%。

4　除设计费外，以下内容由甲方另行支付，但设计方必须提供书面证明：

4.1　获取第三方专业服务的费用，比如测绘、测试或消防布局图制作等。

4.2　本合同中没有规定但甲方另行提出要求的特殊服务所产生的费用。

4.3　除约定提供的设计成果外，甲方另外提出的增印文件费用或增加材料样板将按照打印或制作成本由甲方向乙方支付。

4.4　本合同所附设计范围之外的设计内容双方另行协商计算。

第四条　设计交付时间

1. 第一阶段

自双方所签订合同生效及收到甲方提交的本项目有关资料及文件之日算起开始进入方案设计。

2. 第二阶段

在第一阶段设计方案经甲方签署确认后的相关彩色效果图。

3. 第三阶段

在第二阶段设计方案经甲方签署确认后的工程所有施工图。

4. 第四阶段

经双方完成第三阶段工作确认后即开始与甲方、施工单位进行施工图交底、施工协调监管以及竣工验收。

第五条　双方责任

1. 甲方责任

（1）按照各设计阶段协议的规定，按时向乙方提交本项目有关资料及文件，并对其完整性、正确性负责，若提交的资料错误或变更，引起设计修改，须另付修改费，修改费另行商议。

（2）及时办理各设计阶段的设计文件的审批工作并出示书面确认函。

（3）甲方有特殊情况，必须终止设计的进行，应书面通知乙方，甲方应付乙方接到通知时已完成部分的设计费用。

（4）甲方有责任保护乙方的设计版权，未经乙方同意，甲方对乙方交付的设计文件不得向第三方转让或用于本合同外的项目，如发生以上情况，乙方有权按总设计费双倍收取违约金。乙方为本合同所设计的图纸保有版权，只供甲方作为本合同指定地点施工专用，甲方不得转让出版或用作其他用途。

（5）甲方应按本合同第三条规定的金额和时间向乙方支付设计费，每逾期支付一天就应累加承担应付金额千分之十的逾期违约金，在甲方付清前一阶段的费用前，乙方有权拒绝提交下一阶段的设计成果，相应的工期延误责任由甲方承担；如甲方延迟付设计款超过十个工作日，乙方有权解除合同并追究甲方违约责任，有权要求甲方支付延迟进度款的双倍设计费。

（6）在合同履行期间，甲方要求终止或解除合同，甲方应书面通知乙方，乙方未开始设计工作的，不退还甲方已付的定金；已开始设计的，甲方应根据乙方已进行的实际工作量支付设计费：不足一半时，按总设计费的一半支付；超过一半时，则应付清全部设计费。若施工设计图已完成，而工程并非因设计原因未能进行时，甲方则应按本合同"第三条第3条"将"第（1）（2）（3）（4）"项设计费一次性付清给乙方。

（7）事先经甲乙双方确认的方案，在施工中途甲方提出2次以上（含2次）的设计修改，甲方应根据乙方的工作量增加设计费，设计费另行商议。

（8）对未经甲方确认的，或未付清设计费的图纸均不能外带。

（9）施工中，甲方要求更改设计图纸时必须经乙方同意。如甲方提出的修改图纸影响房屋结构或装修内部结构，乙方不同意修改而甲方执意要改的，其一切后果均由甲方自负。

（10）凡甲方在设计图纸上签字或付清全部设计费后三天内未提出书面异议者均视作甲方对设计图纸的签收和确认。

2. 乙方责任

（1）合同生效后，乙方要求终止或解除合同，乙方应双倍返还设计定金，即设计首期款（不可抗力因素除外）。

（2）按照甲方提供的建设文件和设计基础资料编制设计文件，按照设计阶段协议书的规定，按期交付甲方各设计阶段的设计文件，并保证质量。由于乙方自身原因延误了设计文件交付时间，每延误一天应减收设计费的千分之十。

（3）乙方对设计文件出现的遗漏或错误及甲方提出的变更意见负责修改补充。

（4）乙方负责向施工方做设计技术交底，指导工人施工及解释图纸，协助解决施工中提出的技术难题。

（5）协助甲方选择材料，并帮助甲方监控材料质量。

（6）乙方不得向第三方扩散、转让甲方提交的技术经济资料，如出现此种情况甲方有权索赔。

第六条　其他

（1）施工图由甲方签字确认后，并由乙方盖好公司公章后，施工图才算正式有效。否则应为无效，乙方不对所有施工图负责。

（2）乙方提出的设计方案必须经甲方审核，参照甲方意见进行修改，以不违反合同规定为原则，在协商的基础上达到双方满意的目的。

（3）本合同中所称室内装修设计系解决功能，艺术性的"形"的设计，而不含原有建筑构造的安全鉴定，及其构造变更后的加固和技术措施。若甲方需要应另行委托设计。

（4）本设计在实施前甲方或施工企业均应按规定办理有关审批手续，并应遵循相关规范与要求。若有差异均应以规范或审批结论为准，否则乙方不承担责任。甲方或施工企业在实施前均应与设计师进行图纸交底，凡未会审交底而进入施工所产生的一切问题均与乙方无关。

（5）对甲方提出的有违反设计规范的建议及要求，乙方有权不予采纳，如甲方要求乙方强制采纳设计的，乙方不承担由此引起的一切后果。

（6）甲方不得另行委托他人设计，否则乙方凭证明文件，通知甲方解除委托合同，没收已收的设计费用，甲方向乙方赔偿合同总金额双倍的毁约费用，乙方并保留诉讼的权利。

（7）本合同书系指委托设计，如需施工另行签订施工委托合同书。

（8）甲方订立工程施工合同时，应约束承包方（施工方）服从乙方监督指导工程的进行，若承包方与乙方有争议，甲方应出面协调，若责任在承包方而导致工程停顿时与乙方无关。若因施工发生困难，要求更改设计时，甲方应征得乙方书面同意后，修改设计图纸。

（9）甲方在初步设计批准后，不能以设计内容不满意为由拒绝支付设计费，双方应以合作的态度协商解决。

（10）本合同书为双方同意签订，双方不得以其他文件提出对本合同书作其他解释。本委托合同书如某一项经双方协商同意无效时，需加盖委托方与设计方的公章，并不影响其他条款的实施。

（11）本合同在履行过程中发生纠纷，委托方与设计方应及时协商解决。协商不成的，可诉请地方人民法院解决。

（12）如需乙方提供发票或收据，甲方在收到乙方所提供的发票或收据时，需及时以现金或支票的形式交付给乙方设计款及与所提供发票等额税率的税金（税金需以现金方式支付）。

（13）甲、乙双方任何通知文件应按下列通讯地址为准。

甲方：

乙方：

（14）若通信地址有变，应以书面通知对方。

（15）本合同未尽事宜，双方可签订补充协议作为附件，补充协议与本合同具有同等效力。

所有关于本工程的协议及甲方和乙方认可的来往传真、会议纪要等，均为本合同组成部分，与本合同具有同等的法律效力。

（16）本合同一式两份，甲乙双方各执一份，均具有同等的法律效力。

（17）本委托合同书双方自签字盖章之日起生效，双方履行完合同条款后本合同自行终止。

甲方名称（签字盖章）：　　　　　　　　乙方名称（盖章）：

法定人：　　　　　　　　　　　　　　　法定人：

代表人：　　　　　　　　　　　　　　　代表人：

开户行：　　　　　　　　　　　　　　　开户行：

账号：　　　　　　　　　　　　　　　　账号：

联系电话：　　　　　　　　　　　　　　联系电话：

邮箱：　　　　　　　　　　　　　　　　邮箱：

室内装饰施工合同

甲方（发包人）：_____

法人执照号码：_____ 法定代表人：_____

地址：_____

委托代理人：_____ 身份证号：_____

联系电话：_____

乙方（承包人）：_____

营业执照号码：_____ 法定代表人：_____

地址：_____

委托代理人：_____ 身份证号：_____

联系电话：_____

根据《中华人民共和国合同法》《中华人民共和国消费者权益保护法》《住宅室内装饰装修管理办法》（建设部第 110 号令）及其他有关法律、法规，结合本工程的具体情况，甲、乙双方在平等、自愿、协商一致的基础上达成如下协议。

1. 工程概况

1.1 施工地点：_____。

1.2 工程装饰装修面积：_____。

1.3 工程户型（以房管局登记备案为准）：_____。

1.4 施工内容及做法：详见《装饰施工造价表》。

1.5 工程承包方式，经商定采取下列第_____种方式：

（1）乙方（承包人）包工、包全部材料；

（2）乙方（承包人）包工、包部分材料，甲方（发包人）提供其余部分材料；

（3）乙方（承包人）包工、甲方（发包人）提供全部材料。

1.6 工程期限：

开工日期_____年_____月_____日；竣工日期_____年_____月_____日。

1.7 合同价款：本合同工程造价为（人民币）_____元，大写：_____（详见：《工程预算书》）工程款：本合同工程造价为人民币_____元，金额大写：_____元。（若变更施工内容或材料等，变更部份对应的工程款按实际发生另计。

2. 工程质量标准

2.1 本工程质量执行国家标准 GB50096－1999《住宅设计规范》、GB50327－2001《住宅装饰装修工程施工规范》、GB50210－2001《建筑装饰装修工程质量验收规范》等的相关国家和行业标准。

2.2 装修室内环境污染控制应严格执行 GB50325 - 2001《民用建筑工程室内环境污染控制规范》等的相关国家、行业和地方标准。

2.3 其他约定标准（在"是"或"否"对应的"□"中打"√"或填写其他标准）：

（1）GB/T18883 - 2002《室内空气质量标准》□是□否执行；

（2）_____。

3. 甲方责任

3.1 开工前____天，为乙方入场施工创造条件，并进行现场交底。全部腾空或部分腾空房屋，清除影响施工的障碍物。对只能部分腾空的房屋中所滞留的家具、陈设等采用保护措施。若甲方自带设计方案，在现场交底前还应向乙方提供经确认的施工图纸或施工说明文件_____份。

3.2 向乙方提供施工所需的水、电等设备，并说明使用注意事项，水电费用由_____方承担。负责办理施工所涉及的各种申请、批文等手续，并承担相关费用。

3.3 遵守物业管理的各项规章制度，并负责协调乙方施工人员与邻里之间的关系。

3.4 甲方不得有下列行为：

（1）随意改动房屋主体和承重结构。

（2）在外墙上开窗、门或扩大原有门窗尺寸，拆除连接阳台门窗的墙体。

（3）在室内铺贴____cm 以上石材、砌筑墙体、增加楼地面荷载。

（4）破坏厨房、厕所地面防水层和拆改热、暖、燃气管道设施。

（5）强令承包人违章作业施工的其他行为。

3.5 凡涉及 4.5 款所列内容的，甲方应当向房屋管理部门提出申请，由原设计单位或者具有相应资质等级的设计单位对改动方案的安全使用性进行审定并出具书面证明，再由房管部门批准。

3.6 施工期间甲方仍需部分使用该居室的，甲方则应当负责配合乙方做好保卫及消防工作。

3.7 指派_____作为甲方驻工地代表，负责合同履行和对工程质量、进度进行监督检查，办理验收、变更、登记、签证手续和其他事宜。甲方驻工地代表所签署的文件应视为甲方对有关事宜的确认。

4. 乙方责任

4.1 根据施工图纸或施工说明，拟定施工方案和进度计划，交甲方审定。

4.2 指派_____为乙方驻工地代表，负责合同履行，按要求组织施工，保质、保量、按期完成施工任务，解决由乙方负责的各项事宜。乙方驻工地代表所签署的文件应视为乙方对有关事宜的确认。

4.3 严格执行施工规范、质量标准、安全操作规范、防火安全规范和环境保护规定。

4.4 积极配合甲方开展正常工作。配合甲方委托的工程监理开展工作，做好各项质量检查记录和阶段性工程验收。配合竣工验收，编制工程结算。安全、保质、按期完成本合同约定的工程内容。

4.5 严格执行建设行政主管部门施工现场管理规定：

（1）无房屋管理部门审批手续和加固图纸，不得拆改工程内的建筑主体和承重结构，不得加大楼地面荷载，不得改动室内原有热、暖、燃气等管理设施。

（2）遵守物业管理规定的施工时间，不得扰民及污染环境；

（3）因进行装饰装修施工造成相邻居民住房的管道堵塞、渗漏、停水、停电等，由承包人承担相应的修理和损失赔偿的责任；

（4）负责工程成品、设备和居室留存家具陈设的保护；

（5）保证室内上、下水管道畅通和卫生间的清洁；

（6）负责将装修垃圾装袋，及时清运到物业指定位置，并支付物业管理所收的相关费用。

4.6 自备施工工具，并充分利用辅材和主材，减少材料浪费。一般材料的损耗率应不高于_____%，特殊材料损耗率的约定：_____。乙方施工所造成的材料损耗超出以上约定的部分，其费用由乙方承担。

4.7 向甲方提供项目完善、清楚规范的报价文本，根据工程实际情况由专业的报价师或报价系统提供标准报价。甲乙双方达成一致后，在施工项目不变更的情况下，工程的结算价格与预算价格误差不超过_____%，超出部分由乙方承担。

4.8 甲方为少数民族的，乙方在施工过程中应当尊重其民族风俗习惯。

5. 工程变更

5.1 合同签定后，在施工前或施工过程中如果甲方还需增加工程项目，在增加制作之前，乙方作预算造价；如需变更，甲乙两方须协商一致，参照同类工程价格调整相应费用。

5.2 合同签定后，在施工前或施工过程中如果甲方需减少工程项目，甲乙两方协商一致后，调整相应费用，同时约定：甲方单方面要求减少施工项目所对应的费用（以工程预算为基础），应划拨_____%给乙方作为补偿；乙方提议或要求减少施工项目，经甲方同意后，其对应的费用按原预算的100%在工程完工后返还给甲方。

6. 关于工期的约定

在施工期间对合同约定的工程内容如需变更，甲乙两方须协商一致，共同签署书面变更单。同时调整相关工程费用及工期。工程变更单是竣工结算和顺延工期的依据。

6.1 甲方要求比合同约定的工期提前竣工时，应征得乙方同意。

6.2 因甲方未按约定完成工作，影响工期，工期顺延，责任由甲方承担。

6.3 因乙方原因不能按期开工或中途无故停工，影响工期，责任由乙方承担，工期不顺延。

6.4 因设计变更或非甲、乙方原因造成的停水、停电、停气及不可抗力的因素，影响工期，工期相应顺延，甲乙方均不承担该责任。

7. 关于工程质量、验收和保修约定

7.1 在施工过程中分下列阶段对工程质量进行联合验收：

本工程以施工图纸、作法说明、设计变更和《建筑装饰工程施工及验收规范》（JGJ91）《建筑安装工程质量检验评定统一标准》（GBJ300-88）等国家制订的施工及验收规范作为质量验收标准。验收内容如下：

（1）材料验收。

（2）隐蔽工程验收（包括水、电等隐蔽工程的验收）。

（3）竣工验收（包括室内环境质量验收）。

（4）其他约定的项目验收。

7.2 工程竣工后，乙方应通知甲方验收。甲方自接到通知起_____日内组织工程验收，_____日内组织室内环境质量检测验收（根据国家标准，室内环境质量检测验收须于竣工七天以后进行），并办理验收、移交手续。如甲方（或甲方委托人）在规定时间内未能组织验收，需及时通知乙方，另定验收日期。但甲方应承认竣工日期，并承担乙方的看管费用和相关费用（看管等费用另行约定）。甲方提前入住，视为验收合格，甲方应自行承担工程有关的质量问题，但乙方仍应承担合同的保修责任。

7.3 甲方委托的工程监理代表与乙方应及时办理隐蔽工程和中间工程的检查与验收手续。若甲方要求复验时，乙方应按要求办理复验。如复验合格，甲方应承担复验费用，由此影响工期，责任由甲方承担；若复验不合格，其复验及返工费由乙方承担，责任由乙方承担，但工期也予以顺延。

7.4 由于甲方提供的材料、设备质量不合格而影响工程质量的，其返工费用及材料费用由甲方承担，工期顺延。

7.5 由于乙方原因造成质量事故，其返工费用及材料费用由乙方承担，工期不顺延。

7.6 当甲乙两方对工程质量有争议时，提请＿＿＿＿＿＿＿＿＿＿对工程质量进行检测和鉴定。

7.7 本工程自验收合格后甲、乙、监理方三方签字之日起，在正常使用条件下室内装饰装修工程保修期限为＿＿＿＿＿＿年，有防水要求的厨房、卫生间防渗漏工程保修期限为＿＿＿＿年，电路工程的保修期限为＿＿＿＿年。同时由甲乙两方签订《室内装饰装修工程施工合同工程保修协议》。

8. 关于工程款结算与支付的约定

8.1 甲、乙双方经济来往均需开具收据。施工结束付清尾款时，乙方应开具统一发票交于甲方。

8.2 在乙方按合同约定向甲方提出工程确认（阶段验收）及拨款要求后，甲方应在＿＿＿＿个工作日内组织前期工程确认或阶段验收，并在确认或阶段验收达标后＿＿＿＿个工作日内出具同意拨款的书面证明材料；甲方对前期工程提出异议时，应在异议解决后＿＿＿＿个工作日内出具同意拨款的书面证明材料。

8.3 除尾款外的工程款结清后，办理移交手续。

9. 关于材料供应的约定

9.1 本工程使用的建筑装饰材料，应为符合工程设计要求和《室内装饰装修材料有害物质限量标准》系列国家标准的合格产品，并具有法律效力的合格证书或检验报告。

9.2 甲方负责采购供应的材料、设备应按时供应到现场，并与乙方办理好交接手续。凡约定由乙方提货的，甲方应将提货手续移交给乙方，由甲方承担运输费用。乙方发现由甲方供应的材料、设备发生了质量问题或规格差异，应及时向甲方提出，甲方仍表示使用的，对工程造成损失，责任由甲方承担。甲方供应的材料，经组织检测验收后交乙方保管。由于乙方保管不当造成损失，由乙方负责赔偿。

9.3 甲方采购供应的装饰材料、设备均应用于本合同规定室内装修，非经甲方同意，乙方不得挪作他用。如乙方违反此规定，应按挪用材料、设备价款的双倍金额补偿给甲方。

9.4 乙方负责采购的材料、设备，经甲乙共同验收后，由甲方确认备案，不符合质量要求或规格有差异，应禁止使用。若已使用，对工程造成的一切损失由乙方负责。

10. 有关安全施工和防火的约定

10.1 甲方提供的施工图纸或施工要求说明，应符合《中华人民共和国消防条例》和有关防火设计规范。

10.2 乙方在施工期间应严格遵守《建筑安装工程安全技术规程》《建筑安装工人安全操作规

程》《中华人民共和国消防条例》和其他相关的法规、规范。

10.3 由于乙方在施工生产过程中违反有关安全操作规程、消防条例，导致发生安全或火灾事故，乙方应承担由此引发的一切经济损失。

11. 违约责任及奖励约定

11.1 一方当事人未按约定履行合同义务给他方造成损失的，应当承担赔偿责任；因违反有关法律法规受到处罚的，最终责任由责任方承担。

11.2 一方当事人无法继续履行合同的，应及时通知其他两方，并由责任方承担因合同解除而造成的损失。

11.3 甲方无正当理由未按合同约定期限同意划拨每批次工程款，每延误一日，应向乙方支付迟延部分工程款千分之_____的违约金。

11.4 由于乙方责任延误工期的，每延误一日，应向甲方支付本合同工程造价金额千分之_____的违约金。

11.5 开工后，甲方提出提前完工的要求，乙方遵照甲方需求，在保证施工质量的前提下，每提前一天，甲方应奖励乙方人民币_____元。

12. 争议或纠纷处理

12.1 甲乙两方因本合同引起的或与本合同有关的任何争议，经甲乙双方协商解决，或提请其他个人或组织调解。

12.2 本合同在执行中发生的任何争议，调解不成时，选择以下第_____种解决方式：

（1）提请_____仲裁委员会仲裁；

（2）依法向人民法院提起诉讼。

13. 其他约定

13.1 乙方不具备营业资格或相应资质的，甲方有权终止本合同，乙方应当立即返还甲方已支付的费用，并赔偿甲方损失。

13.2 施工期间，若甲方发现乙方违规施工或有其他违反合同的行为时，有权要求乙方暂时停工，与乙方交涉，要求返工或作相应补救措施，情节严重时，甲方有权终止合同。施工期间，甲方无正当理由阻止工程施工，或拒绝按约定支付工程款项，经乙方交涉无果时，乙方有权中止合同。

13.3 施工期间，甲方将门钥匙壹把交给乙方保管；工程竣工验收后，乙方应将门钥匙交还给甲方。

13.4 工程竣工经双方验收合格交付甲方使用后，甲方在保修期后使用过程中再发生任何质量的问题，乙方不再承担质量责任；但乙方可优先为甲方提供有偿维修服务。

13.5 其他补充约定：

（1）_____；

（2）_____。

14. 条附则

14.1 本合同经甲、乙双方签字（盖章）后生效。除保修条款之外的其他条款，在工程验收、交接完毕，甲方支付相应款项后自动终止；保修期满，甲方支付保修对应尾款后有关保修条款终止。合同文本一式两份，甲、乙两方各执一份。

14.2 本合同签定后工程不得转包。

14.3 本合同附件为本合同的有效组成部分，经甲乙双方签字（盖章）后生效，具同等法律效力。

甲方（签章）：＿＿＿＿＿＿＿＿　　　乙方（签章）：

法定代表人：＿＿＿＿＿＿＿＿　　　法定代表人：

委托代理人：＿＿＿＿＿＿＿＿　　　委托代理人：

＿＿＿＿年＿＿＿＿月＿＿＿＿日　　　＿＿＿＿年＿＿＿＿月＿＿＿＿日

参考文献

[1] 万征. 室内设计[M]. 成都：四川美术出版社，2018.

[2] 黄春波，黄芳，黄春峰. 居住空间设计[M]. 上海：东方出版中心，2012.

[3] 蒋旻昱. 室内设计基础[M]. 青岛：中国海洋大学出版社，2014.

[4] 侯林，侯一然. 室内公共空间设计[M]. 北京：中国水利水电出版社，2013.

[5] 霍瑁，韩荣，陈嘉晔. 环境建筑设计与表现[M]. 沈阳：辽宁美术出版社，2013.

[6] 艾伦·休斯（Hughes，A.），陈静，译. 英国室内设计效果图表现技法[M]. 上海：上海人民美术出版社，2015.

[7] 张恒国. 室内设计手绘效果表现[M]. 北京：清华大学出版社，2011.

[8] 胡海燕. 建筑室内设计——思维、设计与制图[M]. 北京：化学工业出版社，2014.

[9] 夏万爽，欧亚丽. 室内设计基础与实务[M]. 上海：上海交通大学出版社，2012.